机械基础

主　编　周　勇　潘　勇
副主编　杨小刚　吴志慧
参　编　吕　冲　阮小红　赖云英
　　　　向丽慧　郑　正
主　审　赵　勇　杨明忠

重庆大学出版社

内容提要

全书包括绪论在内共7个单元,涵盖传动部分、机构部分、支承部分、联接部分、机械的节能环保与安全防护、液压与气动技术等内容,在每个单元后有思考与练习、知识拓展、重要知识点提示等内容。

本书可作为中等职业学校机械类及相关专业中、高级技能型人才培训专业教材,也可作为有关工程技术人员自学或参考用教材。

图书在版编目(CIP)数据

机械基础/周勇,潘勇主编.—重庆:重庆大学出版社,2015.3

中等职业教育机械加工技术专业系列规划教材

ISBN 978-7-5624-8812-5

Ⅰ.①机… Ⅱ.①周…②潘… Ⅲ.①机械学—中等专业学校—教材 Ⅳ.①TH11

中国版本图书馆CIP数据核字(2015)第023702号

机械基础

主 编 周 勇 潘 勇

副主编 杨小刚 吴志慧

主 审 赵 勇 杨明忠

策划编辑:彭 宁

责任编辑:李定群 高鸿宽 版式设计:彭 宁

责任校对:秦巴达 责任印制:赵 晟

*

重庆大学出版社出版发行

出版人:邓晓益

社址:重庆市沙坪坝区大学城西路21号

邮编:401331

电话:(023) 88617190 88617185(中小学)

传真:(023) 88617186 88617166

网址:http://www.cqup.com.cn

邮箱:fxk@cqup.com.cn (营销中心)

全国新华书店经销

重庆市川渝彩色印务有限公司印刷

*

开本:787×1092 1/16 印张:10.5 字数:262千

2015年3月第1版 2015年3月第1次印刷

印数:1—1 000

ISBN 978-7-5624-8812-5 定价:23.00元

前　言

为贯彻《国务院关于大力发展职业教育的决定》(国发[2005]35号)精神，落实《教育部关于进一步深化中等职业教育教学改革的若干意见》(教职成[2008]8号)，遵照2009年教育部最新颁布的中等职业学校《机械基础教学大纲》，结合《国家职业标准》和职业技能鉴定需求，充分考虑当前行业企业岗位能力要求、中职教育的时代特征和人才培养目标，采用任务驱动法编写本教材。在编写过程中，注重人才培养目标、教学实际需要和行业企业岗位需求的结合，按单元进行分类，按任务进行分解，突出职教特色，体现适用理念。本书适用于中高级技工培养需求。

本书编写具有以下特色：

1. 贯彻新理念。本教材的编写坚持与时俱进，以最新的《中等职业学校机械基础教学大纲》为指南，融入行业新知识、新工艺、新技术、新方法，以学生职业能力培养为本位，以职业素质养成为核心，以可持续发展为着眼点，全面提高学生的综合素质。

2. 突出新要求。本教材在编写思路上，遵循"强化基础、注重实用、理实结合、重在实践"的原则，充分体现中等教育的时代特征；在编写方法上，采用任务驱动法编写，体现教育技术的时代性；在内容的表达上，知识点准确扼要，文字上简洁精炼。

3. 体现时代性。本书的编写充分反映了时代特征，全部采用国家最新的技术标准，充分融入当前先进的职业教育理念，采用任务驱动教学法的思路编写，注重生产与实践相结合，满足当前教学模式改革和教学手段优化的需要，注重调动学生的积极性和参与性，让师生在教与学的过程中体味快乐，播种希望，收获成功。

本教材由周勇、潘勇担任主编，杨小刚、吴志慧担任副主编，赵勇、杨明忠担任主审。第1单元由吴志慧、郑正编写，第2单元由潘勇编写，第3单元由杨小刚编写，第4单元由吕冲、赖云英编写，第5单元由阮小红、向丽慧编写，第6单元由吴志慧、潘勇、周勇编写。

编　者

2015年1月

目　录

绪 论

●单元概述

机械是人类生产劳动的工具，是人类社会生产力发展的重要标志，也是人类社会文明进步的产物。随着机械科学自身的发展进步，特别是在电子科学大力发展和推动下，机械产品正朝着高、精、尖和智能化方向迅猛发展。现机械产品发达的程度已成为衡量一个国家或地区生产力发展水平和现代化程度的一个重要标志之一。

●能力目标

1. 能区分机器与机构的特征及运用。
2. 能说明构件与零件的特征与区别。
3. 能明白本课程的性质和掌握本课程的学习方法。

●知识学习

机械是机器和机构的总称，就是用来改变力的大小和方向的装置，是人类开展生产活动和征服自然的重要工具，它可以帮助人们减轻劳动强度、改善劳动条件、提高生产效率和改进产品质量。根据各种机械的结构和力学特征，可分为杠杆类机械和斜面类机械。

(1)机器

1)机器的概念和特征

机器是人们根据使用要求而设计的一种用来变换和传递能量、物料和信息的装置,它的各部分间具有确定的相对运动,并能代替或减轻人类的劳动,完成有用的机械功或实现能量的转换,如汽车、内燃机等。其具有以下3个共同特征:

①由许多人为构件组合而成。

如图0.1所示的单缸内燃机,它由汽缸、活塞、连杆、曲轴及轴承等构件组合而成。

②各组成部分形成不同的运动单元,且各运动单元之间具有确定的相对运动。

如图0.1所示的活塞2相对汽缸1的往复移动,曲轴4相对两端轴承5的连续转动。

③能代替或减轻人类劳动,完成有用的机械功或实现能量、物料、信息的转换与传输。

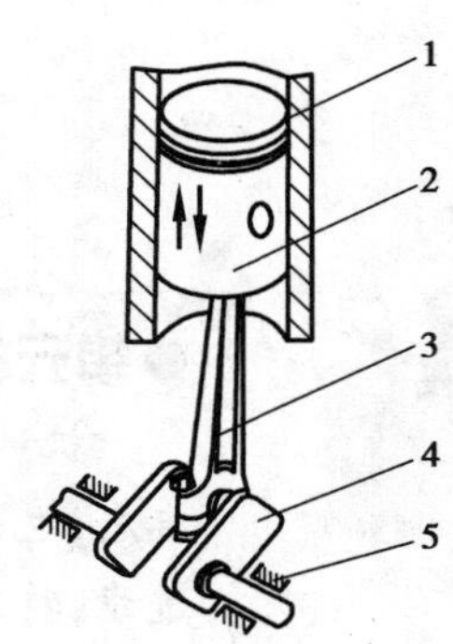

图0.1 单缸内燃机

1—汽缸;2—活塞;3—连杆;4—曲轴;5—轴承

例如,发电机可以把机械能转换为电能;车床能改变工件的尺寸、形状;汽车可以改变物体在空间的位置;计算机可以交互和处理信息等。

2)机器的分类

机器按用途可分为以下两大类:

①发动机。是将非机械能转换成机械能的机器,如电动机、内燃机、空压机等。

②工作机。是利用机械能来做有用功的机器,用以改变被加工物料的位置、形状、性能、尺寸和状态,如车床、汽车等。

3)机器的组成

一台完整的机器通常由以下4个部分组成:

①动力部分。是机器工作的动力源,可把其他形式的能转变为机械能,以驱动机器运动和做功,如电动机、内燃机、空压机等。

②工作部分。直接完成机器设计功能的部分,如车床的主轴、汽车车轮等。

③传动部分。联接动力部分和工作部分的中间环节,用来改变运动速度和转化运动形式,如传动链、传动带、齿轮传动及传动轴等。

④操控部分。操纵机器各组成部分协调动作的部分,如数控车床的控制面板、汽车转向盘、节气门等。

汽车是机器吗?它由哪几部分组成?

(2)机构

机构是用来传递运动和力的构件系统。如图0.2所示为单缸内燃机的连杆机构。与机器相比,机构具有以下特征:

①是人为实体(构件)的组合。

②各运动实体之间具有确定的相对运动。

③不能做机械功,也不能实现能量转换。

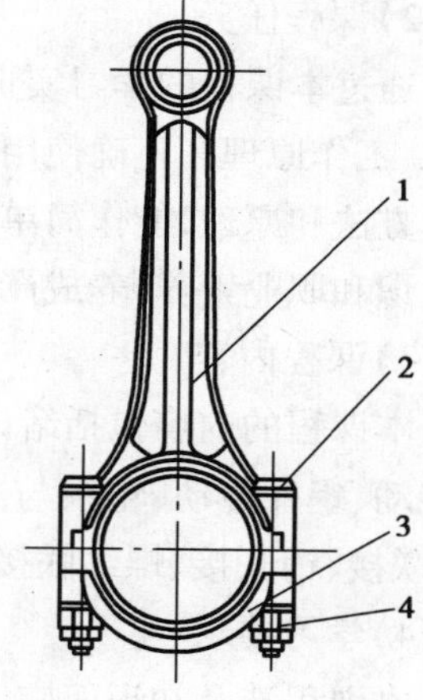

图0.2　内燃机的连杆构件

1—连杆体;2—螺栓;3—连杆盖;4—螺母

机构与机器的区别在于:机器的主要功用是利用机械能做功或实现能量转换;机构的主要功用在于传递或转变运动形式。如果不考虑做功或实现能量转换,仅从结构和运动角度看,机器与机构二者之间没有区别,因而将它们总称为机械,即机器与机构统称为机械。

联系生活想一想,石磨、自行车是机器还是机构?

(3)构件

机器及机构是由多个具有确定相对独立运动的构件组合而成的,因此,构件是机构中能作相对独立运动的单元体,即构件是机器或机构中的运动单元。

一个构件可以是不能拆卸的单一整体,如图0.1所示的曲轴4;也可以是由几个相互之间没有相对运动的物体组合而成的刚性体,如图0.2所示的连杆便是由连杆体、连杆盖、螺栓和螺母等几个可拆卸物体且组装后彼此间无相对运动的刚性体组成。

(4)零件

零件是加工制造单元,机构运动时,同一构件中的零件相互之间没有相对运动。

构件与零件既有联系又有区别,构件可以是单一的零件,如单缸内燃机中的曲轴,既是构件,也是零件;构件也可以是由若干零件联接而成但彼此间没有相对运动的刚性结构,如连杆机构是由连杆体、连杆盖、螺栓及螺母等零件联接而成。

温馨提示

构件与零件的区别在于:构件是运动的单元,零件是加工制造的单元。

(5)本课程的性质、任务、内容和基本要求

1)课程性质

本课程是中职学校机械类及工程技术类相关专业的重要的专业基础课。

2)课程任务

通过本课程的学习实训,可以熟悉和掌握一般机械中常用机构和通用零件的结构性能、标准、工作原理和正确使用调整等基本理论;培养分析和解决问题的能力,懂得分析机械的基本方法和原理,能作简单的有关计算,会查阅有关技术资料和选用标准件;树立良好的职业意识和职业素养,养成严谨、敬业的工作作风,为今后的职业生涯奠定坚实的基础。

3)课程内容

本课程的内容包括绪论(机器、机构、零件及构件)、常用机械传动(带传动、链传动和齿轮传动、蜗杆传动、轮系与减速器)、常用机构(平面四杆机构、凸轮机构、间歇机构)、联接(键联接、销联接、螺纹联接、联轴器及离合器)、轴系零件和液压、气压传动等。

4)学习要求

本课程涉及知识面广,运用性和实践性较强,重点是强调知识的综合运用,以提高学生分析和解决问题的能力;要求学生要联系实际,勤于观察,勤于思考,注重练习和实训环节,增强感性认识。

●任务小结

①机器是人为实体的组合,用来变换和传递能量、物料和信息的装置。它的各部分间具有确定的相对运动,能代替或减轻人类的劳动,完成有用的机械功或实现能量的转换。

②机构是用来转变运动形式和改变运动速度是构件系统,不能代替人类劳动,不能完成有用的机械功和能量转换。

③构件是运动单元,零件是加工制造单元。

●知识拓展

机械的发展史

机械是人类祖先在长期的生产和生活中劳动创造出来的,是人类改造和征服自然的智慧结晶。机械的发展概括起来可分为以下 3 个阶段。

(1)机械起源和古代机械发展阶段(公元前 7000 年—17 世纪末期)

考古学家发现,约公元前 7000 年,在巴勒斯坦犹太人建立的杰里科城,最早的机械——车轮此时已经诞生,城市文明此时也出现在地球上。

当人类进入青铜器时代,机械的发展更为迅猛。大约公元前 3000 年,美索不达米亚人和埃及人开始普及青铜器,如凿刀、铜刀、两轮战车等青铜工具得到广泛应用。

公元前 600 年,学者希罗著书阐明了关于杠杆、尖劈、滑轮、轮与轴、螺纹 5 种简单机械的理论。这是最早有关机械科学的理论。

公元前 513 年,希腊罗马地区对木工工具作了很大改进,除木工常用的成套工具外,还发明了球形钻、羊角锤、双人锯等。此时,长轴车床和脚踏车床已开始广泛使用,为近代车床的发展奠定了基础。

此后，随着人类对不同材料的成功开采和使用，以及阿基米德原理、静止液体压力传递原理等理论的产生和使用，机械开始由简单走向复杂。到1698年，英国的萨弗里制造了第一台用于矿井抽水的蒸汽机——矿工之友，开创了机械原动力创新的先河。

(2)近代机械发展阶段(公元18世纪—20世纪初)

1769年，英国人瓦特完成了蒸汽机的发明，从此，人类进入了“蒸汽时代”，机械开始了飞速发展。

1774年，英国人威尔金森发明了第一台较精密的机床——炮筒镗床，它成功用于加工汽缸体，使瓦特发明的蒸汽机得以快速投入使用。

1799年，法国的蒙日发表《画法几何》一书，使画法几何成为机械制图投影的理论基础。

1889年，第一届国际计量大会首次定义“米”为国际标准计量单位：在0 ℃时，光在真空中1/299792458 s经过的距离。从此，机械的发展在世界范畴便有了更加统一的尺寸单位。

(3)现代机械发展阶段(20世纪初至今)

20世纪初，美国人泰勒经过实践研究，发明了高速钢刀具，极大地提高了金属切削速度；随后又发明了计算尺，将人工计算的速度大大提高了。

人们为了满足批量生产，人们开始探索互换性生产模式。随后，随着计算机科学的不断发展，各种新式可满足和保证互换性生产的设备应运而生，如数控机床、柔性制造系统、加工中心、千分尺等机夹量具诞生了。

随着科技进步和工业的迅猛发展，现代机械已远远超过传统机械的概念，正朝着高速度、高效率、高精度、智能化方向发展，更能够代替和减轻人类劳动，更加发挥高效、智能的作用。

●思考与练习

一、填空题

1. 机器按用途可分为____________、______________。

2. 一台完整的机器通常由______________、______________、_____________及____________四部分组成。

3. 机器和机构总称为__________________。

4. 构件是机构中的__________________________________。

5. 机器和机构的本质区别是__________________________。

6. 构件与零件的区别在于：构件是___________单元，零件是___________单元。

二、简答题

1. 简述机构与机器的区别与联系。

2. 机器由哪几个部分组成？请以汽车为例加以说明。

第1单元

传动部分

●单元概述

传动部分是一台完整机器的重要组成部分，广泛应用于汽车工业、家电和各种机械装备中。本单元主要介绍带传动的工作原理、分类和传动比计算，张紧装置的设置及调整方法；链传动工作原理、分类及传动比计算；渐开线齿廓形成原理、齿轮传动的工作原理、分类及应用场合，直齿圆柱齿轮、斜齿圆柱齿轮、直齿圆锥齿轮的参数及工作原理；蜗轮蜗杆传动的原理及应用特点；轮系的传动特点及传动比计算，典型齿轮系的传动介绍。

●能力目标

1. 能理解常见的机械传动方式及原理；会计算相关传动的传动比，明确传动比对提高生产效率的意义。

2. 了解各种机械传动的特点及应用范围，能合理完成对各种机械传动的比较和选用。

任务1.1　带传动

学习任务

1. 能描述带传动的工作原理、特点、类型和应用。
2. 能正确安装、调整、使用和维护带传动，并会计算传动比。
3. 会分析影响带传动工作能力的因素。

知识学习

1.1.1　带传动的工作原理和传动比

观察机床的传动部分，电机启动后，是通过带传动来传递运动和动力的。如图1.1所示为车床上的V带传动。

图1.1　车床上的V带传动

(1)工作原理

如图1.2所示，带传动是由主动带轮1、从动带轮2和紧套在两轮上的挠性带3组成。带传动就是利用带作为中间挠性件，依靠带与带轮之间的摩擦力或啮合力来传递运动和动力的。

(2)传动比

带传动的传动比i_{12}是主动带轮转速n_1与从动带轮转

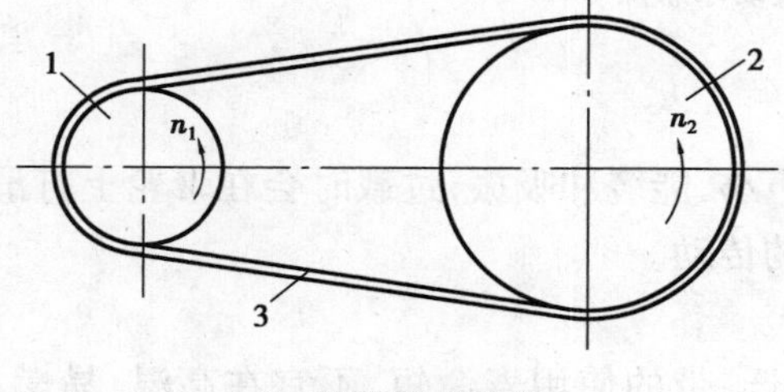

(a)摩擦型带传动

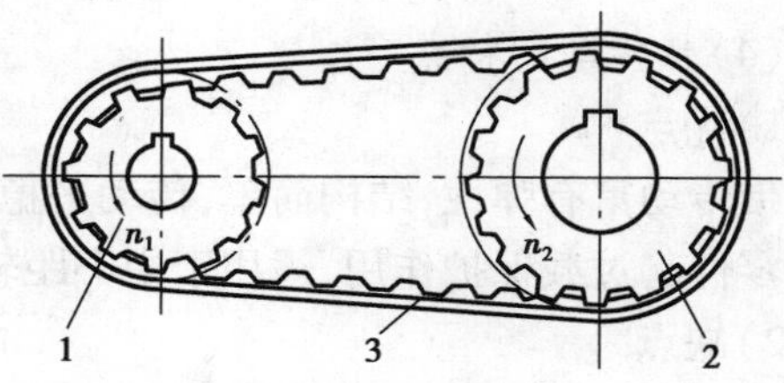

(b)啮合型带传动

图1.2　带传动的组成

1—主动带轮；2—从动带轮；3—挠性带

速n_2之比，也等于两轮直径之反比。可用公式表示为

$$i_{12} = \frac{n_1}{n_2} = \frac{D_2}{D_1} \tag{1.1}$$

式中 n_1, n_2——主动轮,从动轮的转速,r/min;

D_1, D_2——主动轮、从动轮直径,mm。

传动比计算公式在任何条件下都成立吗?为什么?

(3)传动带的类型

根据传动带与带轮间接触方式的不同,带传动可分为摩擦型带传动(见图1.2(a))和啮合型带传动(见图1.2(b))。属于摩擦型带传动的有平带传动(见图1.3(a))、V带传动(见图1.3(b))和圆带传动(见图1.3(c));属于啮合型带传动的有同步带传动(见图1.2(b))。常用的带传动有平带传动和V带传动。

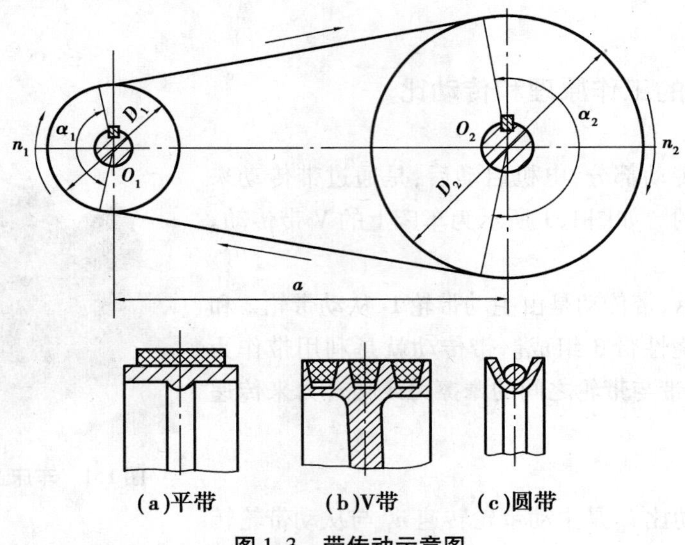

(a)平带　(b)V带　(c)圆带

图1.3　带传动示意图

(4)带传动的特点

1)优点

带传动富有弹性,结构简单,传动平稳、噪声小、能缓冲吸振,过载时会在带轮上打滑,对其他零件起过载保护作用,适用于中心距较大的传动。

2)缺点

带传动不能保证准确的传动比,传动效率低,带的使用寿命短,不宜在高温、易燃及有油、水的场合下使用。

1.1.2　平带传动

如图1.3(a)所示,平带的横截面为矩形或近似矩形,工作时带的环形内表面与轮缘接触。

常用平带的传动形式及几何参数计算见表1.1。

带轮的包角是指带与带轮接触弧长所对应的中心角，用α表示，如图1.3所示。包角越小，接触弧长越短，接触面间所产生的摩擦力总和也就越小，为了提高平带传动的承载能力，包角就不能太小。由于小带轮的包角总比大带轮的包角小，故只需验算小带轮上的包角是否满足要求即可，一般要求$\alpha_1 \geqslant 150°$。

平带的带长是指带的内周长度。

表1.1　常用平带的传动形式和参数计算

	开口式	交叉式	半交叉式
传动简图	D_1 D_2 a	D_1 D_2 a	D_1 D_2 β a
小带轮包角	$\alpha = 180° - \frac{D_2 - D_1}{a} \times 60°$	$\alpha \approx 180° + \frac{D_2 + D_1}{a} \times 60°$	$\alpha \approx 180° + \frac{D_1}{a} \times 60°$
带的几何长度	$L = 2a + \frac{\pi}{2}(D_2 + D_1) + \frac{(D_2 - D_1)^2}{4a}$	$L = 2a + \frac{\pi}{2}(D_2 + D_1) + \frac{(D_2 + D_1)^2}{4a}$	$L = 2a + \frac{\pi}{2}(D_2 + D_1) + \frac{D_2^2 + D_1^2}{4a}$
应用场合	用于两轴轴线平行且旋转方向相同的场合	用于两轴轴线平行且旋转方向相反的场合	用于两轴轴线互不平行空间相错的场合，一般两带轮中间平面相互垂直，β角小于25°，不能逆向传动

注：a为两轮中心距，mm。

例1.1　在开口式平带传动中，已知主动轮直径$D_1 = 200$ mm，从动轮直径$D_2 = 600$ mm，中心距$a = 1\ 200$ mm，试计算其传动比、验算包角并求出带长。

解　1）传动比

$$i_{12} = \frac{D_2}{D_1} = \frac{600}{200} = 3$$

2）验算包角

$$\alpha_1 \approx 180° - \frac{D_2 - D_1}{a} \times 60°$$

$$= 180° - \frac{600 - 200}{1\ 200} \times 60° = 160°$$

3）带长

$$L=2a+\frac{\pi}{2}(D_2+D_1)+\frac{(D_2-D_1)^2}{4a}$$

$$=2\times 1\,200\ \text{mm}+\frac{3.14}{2}\times(600+200)\,\text{mm}+\frac{(600-200)^2}{4\times 1\,200}\text{mm}$$

$$=3\,689.3\ \text{mm}$$

1.1.3 V 带传动

V 带是横截面为等腰梯形或近似为等腰梯形的传动带，其工作面为两侧面，带与轮槽底面不接触。

（1）V 带的结构和类型

V 带的结构分为帘布结构和线绳结构两种，如图 1.4 所示。它们分别由包布、顶胶、抗拉体及底胶组成。帘布结构应用比较广泛，而线绳结构的柔韧性和抗弯曲疲劳性较好，但抗拉强度低，适用于载荷不大、带轮直径小、结构和转速较高的场合。

常用的 V 带主要类型有普通 V 带、窄 V 带、宽 V 带及半宽 V 带等。它们的楔角（V 带两侧面所夹的锐角）α 均为 40°。

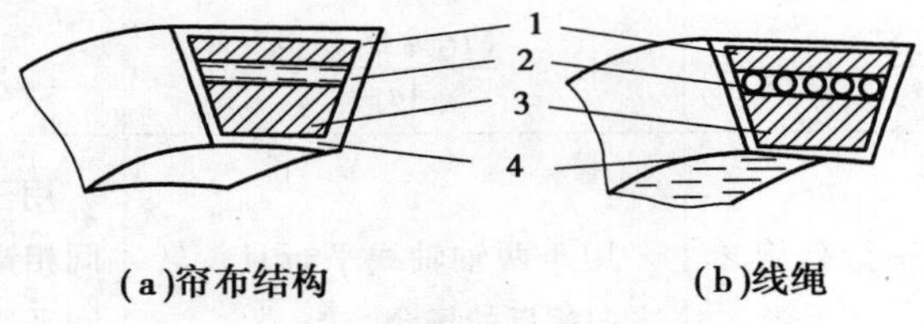

（a）帘布结构　　（b）线绳

图 1.4　标准 V 带结构图

1—顶胶；2—抗拉体；3—底胶；4—包布

（2）普通 V 带的型号

普通 V 带分为 Y，Z，A，B，C，D，E 7 种型号，其截面尺寸及承载能力依次增大。各型号普通 V 带的截面尺寸见表 1.2。

表 1.2　普通 V 带的截面尺寸

型　号	Y	Z	A	B	C	D	E
顶宽 b/mm	6.0	10.0	13.0	17.0	22.0	32.0	38.0
节宽 b_p/mm	5.3	8.5	11	14	19	27	32
高度 h/mm	4.0	6.0	8.0	11.0	14.0	19.0	23.0
楔角 α	40°						

当V带垂直其底边弯曲时，在带中保持原长度不变的任一条周线称为V带的节线。由全部节线构成的面称为节面。节面的宽度称为节宽 b_P（见表1.2）。

(3)V带的基准长度 L_d

在规定的张紧力下，沿V带节面测得的周长称为基准长度。它是V带长度设计、计算和选用的依据。V带的基准长度在国家标准中已列为标准系列，应用时可查阅机械设计手册。

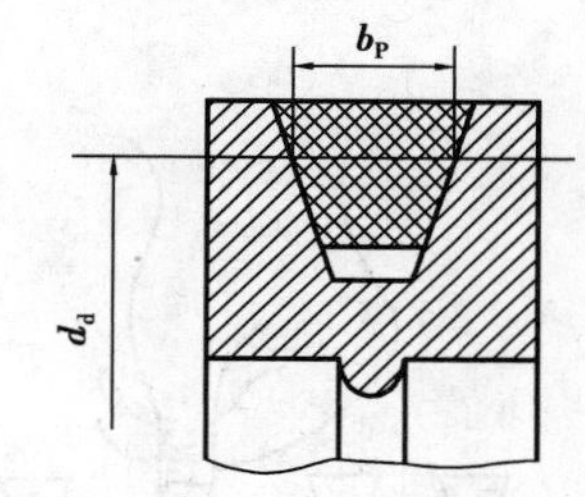

图1.5　V带带轮的基准直径

(4)V带带轮的基准直径 d_d

V带带轮的基准直径 d_d 是指带轮上与所配用V带的节宽 b_P 相对应处的直径，如图1.5所示。

带轮的基准直径是带传动的主要设计计算参数之一，d_d 的数值已标准化，应按国家标准选用标准系列值。

(5)V带传动的主要参数（见表1.3）

表1.3　V带传动的主要参数

名　称	对传动的影响	一般取值范围
小带轮包角 α_1	包角 α_1 越大，带与带轮间的接触弧就越长，带的传动能力就越大	$\alpha_1 \approx 180° - 57.3° \times \frac{d_{d2} - d_{d1}}{a} \geqslant 120°$
传动比 i_{12}	传动比越大，两带轮直径差就越大，在中心距不变的情况下，小带轮上的包角就越小，传动能力就会下降	$i_{12} = \frac{n_1}{n_2} = \frac{d_{d2}}{d_{d1}} \leqslant 7$
带的线速度 v	速度太高，离心力会使带与带轮间的正压力减小，传动能力下降；速度太低，会使作用在带上的拉力过大，易引起打滑	$v = 5 \sim 25$ m/s
中心距 a	中心距越小，带长越短，在一定带速下，相同时间内带绕过带轮的次数就越多，寿命越低；中心距过大，带越长，运动时带会发生剧烈抖动	$a = 0.7 \sim 2(d_{d1} + d_{d2})$

注：d_{d1}，d_{d2}—主动轮、从动轮基准直径，mm。

(6)V带传动的安装和维护

①安装V带时，应调小中心距后将带套入，再慢慢调整中心距使带达到合适的张紧程度，用大拇指能将带按下15 mm左右，则张紧程度合适，如图1.6所示。

②安装带轮时,两带轮的轴线应相互平行,两带轮轮槽的对称平面应重合,其偏角误差应小于20′,如图1.7所示。

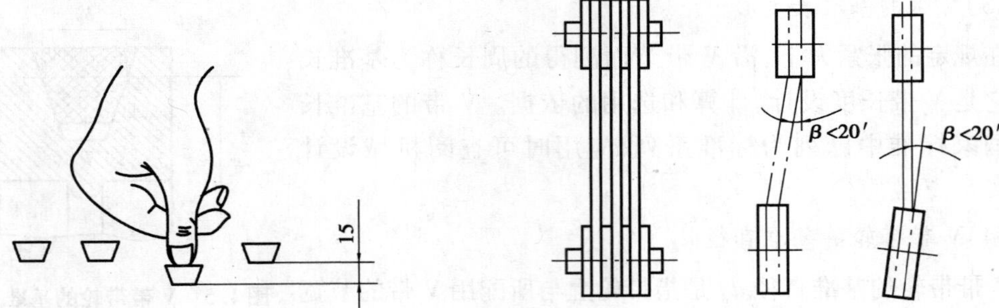

图1.6　V带的张紧程度　　图1.7　带轮位置

③V带在轮槽中应有正确的位置。V带顶面应与轮槽顶面对齐或略高出一些,底面与槽底应有一定间隙,如图1.8(a)所示。高出过多(见图1.8(b))或带底与轮槽底面接触(见图1.8(c))都是不正确的。

图1.8　V带在轮槽中的位置

④V带传动必须安装防护罩,防止因润滑油、切削液或其他杂物等飞溅到V带上而影响传动,并防止伤人事故发生。

⑤在使用过程中应定期检查并及时调整。对一组V带,损坏时一般要成组更换,不能新旧混用。

在相同条件下,V带与平带在承载能力上有什么区别?

1.1.4　带传动的张紧装置

在带传动中,由于传动带长期受到拉力的作用,工作一定时间后因产生塑性变形而松弛,使传动能力下降,甚至无法正常工作。因此,必须将带重新张紧。常用的张紧方法有两种,即调整中心距和使用张紧轮,见表1.4。

表 1.4　常见的带传动张紧装置

张紧方法	结构简图	应　用
调整中心距	电动机 调节螺钉 机架 滑道 V带	适用于两轴线水平或接近水平的传动
	摆架 小轴 调节螺母	适用于两轴线相对安装支架垂直或接近垂直的传动
	摆架 小轴	靠电动机及摆架的重力使电动机绕小轴摆动实现自动张紧
使用张紧轮	从动轮 张紧轮 主动轮	V 带传动时,张紧轮应安放在松边的内侧,并靠近大带轮处(绕上主动轮的一侧为紧边,另一侧为松边)
	Q G	平带传动时,张紧轮应安放在松边的外侧,并靠近小带轮处

想一想

总结一下带传动张紧的原理。

●任务小结

该任务讲述了带传动的相关内容：

①带传动的工作原理。

②掌握平带和 V 带传动比的计算。平带 $i \leqslant 5$，V 带 $i \leqslant 7$。

③带轮包角是影响带传动能力的重要参数，要求平带 $\alpha_1 \geqslant 150°$，V 带 $\alpha_1 \geqslant 120°$。

④V 带传动的主要参数、安装和维护。

⑤带传动的张紧装置。

●知识拓展

V 带的楔角都是 40°，但绕在带轮上时，带受张紧力弯曲会使楔角变小，为了保证带和带轮槽工作面能良好接触，带轮的轮槽角比 V 带的楔角要小 2°左右，一般取 34°～38°（见图 1.9）。

图 1.9　带轮

任务 1.2　链传动

学习任务

1. 熟悉链传动的常用类型、工作原理。
2. 掌握链传动的传动比概念及有关计算。

知识学习

1.2.1　链传动简介

（1）链传动及其传动比

1）链传动的工作原理

如图 1.10 所示，链传动是由链条和具有特殊齿形的链轮组成，通过链轮轮齿与链条的啮合来传递运动和动力。

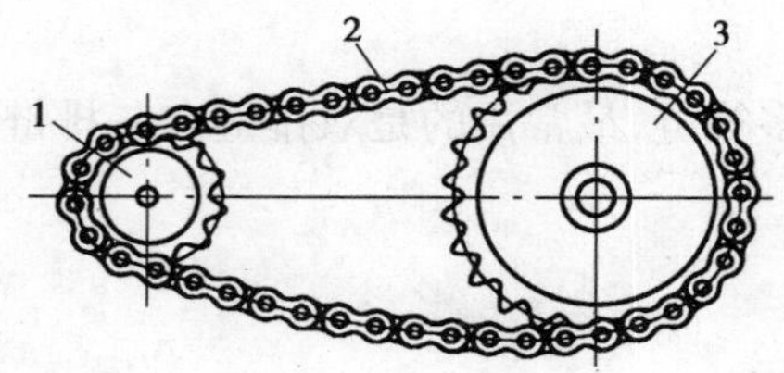

图 1.10　链传动简图

1,3—链轮;2—链条

2)链传动的传动比

链传动中,设主动链轮 1 的齿数为 z_1,转速为 n_1;从动链轮 3 的齿数为 z_2,转速为 n_2。主动链轮每转过一个齿,从动链轮也转过一个齿,故两链轮在相同时间内转过的齿数总是相等的,即

$$z_1 n_1 = z_2 n_2 \quad 或 \quad \frac{n_1}{n_2} = \frac{z_2}{z_1}$$

链传动的传动比 i_{12} 是主动链轮的转速 n_1 与从动链轮的转速 n_2 之比,表达式为

$$i_{12} = \frac{n_1}{n_2} = \frac{z_2}{z_1} \tag{1.2}$$

式中　n_1, n_2——主、从动链轮转速,r/min;

z_1, z_2——主、从动链轮齿数。

3)链传动的特点及应用

链传动的传动比一般 $i \leqslant 6$;两轴中心距 $a \leqslant 6$ m;传递功率 $P \leqslant 100$ kW;链条速度 $v \leqslant 15$ m/s。与带传动比较,链传动具有准确的平均传动比,传动功率大,效率高,但工作时有冲击和噪声,因此,多用于传动平稳性要求不高,中心距较大,平行轴传动的场合。

(2)链传动的常用类型

按用途不同,链可分为以下 3 类:

1)传动链

传动链应用范围最广。主要用于一般机械中传递运动和动力,也可用于输送等场合。

2)输送链

输送链用于输送工件、物品和材料,可直接用于各种机械上,也可组成链式输送机作为一个单元出现。

3)曳引链(曳引起重链)

曳引链主要用于传递力,起牵引、悬挂物品的作用,兼作缓慢运动。

(3)传动链的类型与结构

传动链的主要类型有滚子链和齿形链两种。其中,最常用的是滚子链。

滚子链由内链板、外链板、销轴、套筒及滚子等组成,如图 1.11 所示。销轴与外链板、套筒与内链板分别采用过盈配合固定,而销轴与套筒、滚子与套筒之间则为间隙配合。这样,内链板与外链板之间就能做相对运动,滚子也可绕套筒自由转动。当链条与链轮啮合时,滚子与链轮轮齿之间主要是滚动摩擦，从而减小了磨损。

当需要承受较大载荷、传递较大功率时，可采用多排链，最常用的是双排链和三排链（见图 1.12）。

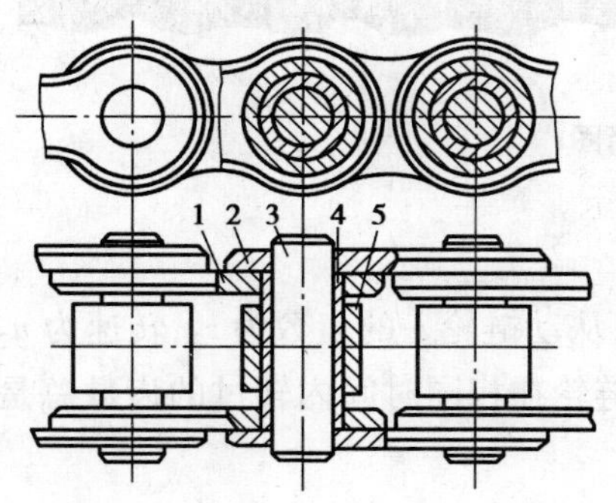

图 1.11　滚子链结构

1—内链板；2—外链板；3—销轴；4—套筒；5—滚子

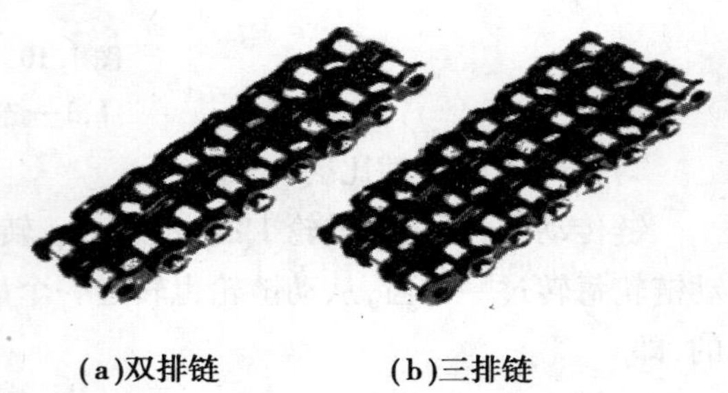

图 1.12　双排链和三排链

●任务小结

该任务讲述了链传动的工作原理及传动比的计算；链传动的传动比 i_{12} 是主动链轮的转速 n_1 与从动链轮的转速 n_2 之比；链传动的结构、特点及类型。

●知识拓展

链传动张紧的目的主要是为了避免在链条的垂度过大时，产生啮合不良和链条振动的现象；同时也为了增加链条与链轮的啮合包角。当两轮轴心连线倾斜角大于 60°时，通常设有张紧装置。其张紧方法如下：

①增大两轮中心距。

②用张紧设置张紧，如图 1.13 所示为常见的张紧装置，张紧轮直径稍小于小链轮直径，并置于松边靠近小链轮。

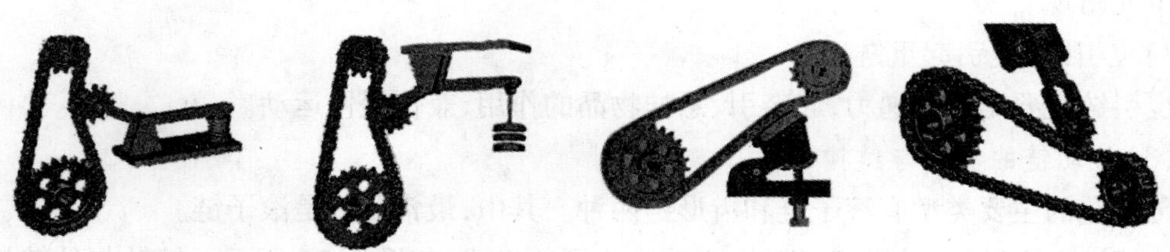

图 1.13　链传动的张紧装置

任务 1.3　齿轮传动分类及渐开线的形成

学习任务

1. 了解齿轮传动的特点、分类和应用。
2. 会计算齿轮传动的平均传动比。
3. 掌握渐开线齿轮齿廓的形成原理。

知识学习

齿轮传动是利用两个齿轮轮齿间的啮合来传递运动和动力的。

1.3.1　齿轮传动的常用类型

齿轮传动的分类方法很多，主要有以下 3 种分类法：

(1) 根据两齿轮轴线相对位置和齿向分类

如图 1.14 所示为齿轮传动常用类型。

(2) 按齿轮传动装置的封闭形式分类

1) 开式齿轮传动

齿轮是外露的，易受灰尘和有害物质侵袭，且不能保证良好的润滑，故齿轮易磨损，多用于低速传动中。

2) 闭式齿轮传动

齿轮全部装在箱体内，并能保证良好的润滑，多用于高、中速或重要的传动中。

(3) 按轮齿的齿廓曲线分类

根据齿廓曲线不同，齿轮可分为渐开线齿轮、摆线齿轮和圆弧齿轮等。目前，渐开线齿轮应用最广，本章只讨论渐开线齿轮传动。

齿条与齿轮有何关系？

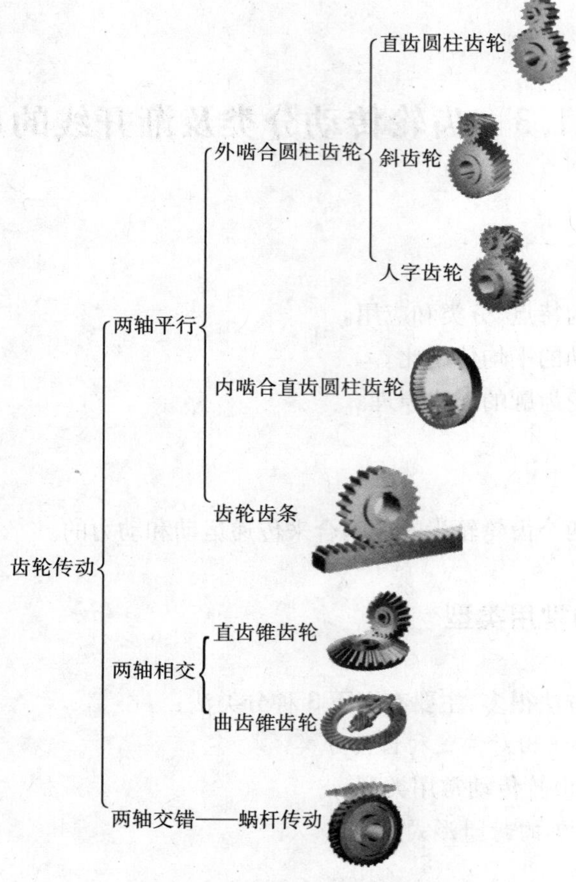

图 1.14　齿轮传动常用类型

1.3.2　渐开线齿廓的形成

(1) 渐开线的形成

如图 1.15 所示，当一条直线沿着半径为 r_b 的圆作纯滚动时，该直线上任意一点 K 的运动轨迹 CK 为该圆的渐开线。其中，以半径 r_b 所做的圆称为基圆，直线 NK 为渐开线的发生线。

(2) 渐开线齿轮齿廓的形成

以同一基圆上产生的两条相反方向的渐开线所形成的齿廓称为渐开线齿廓，如图 1.16 所示。

(3) 渐开线的性质

从渐开线的形成过程可知，渐开线具有下列性质：

①基圆内无渐开线。

②发生线在基圆上滚过的线段长度，等于基圆上被滚过的一段弧长，即 $\overline{NK} = \overset{\frown}{NC}$，如图 1.15(a) 所示。

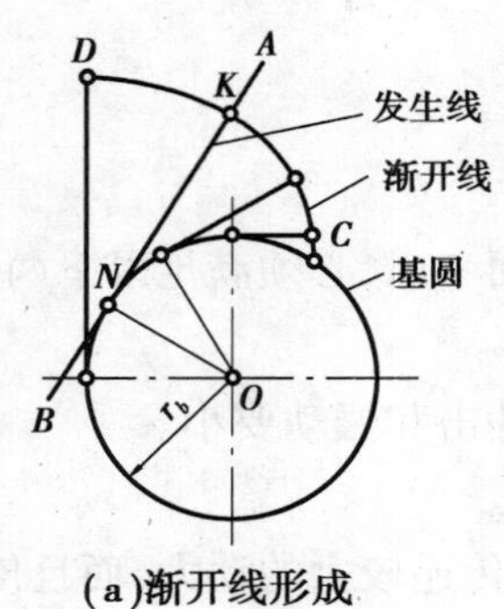

(a)渐开线形成

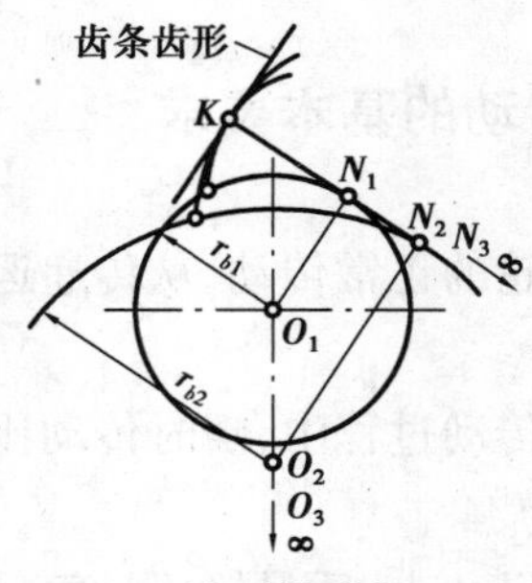

(b)渐开线形状

图 1.15　渐开线的形成及形状

③渐开线上任意一点的法线必相切于基圆，即渐开线上任意一点的法线与该点的发生线重合。

④渐开线各点的曲率半径不相等。离基圆越远，其曲率半径越大，渐开线越趋于平直；反之则曲率半径越小，渐开线越弯曲。

⑤渐开线的形状取决于基圆半径的大小，基圆的半径相等，则渐开线的形状相同。基圆半径越小，渐开线越弯曲；反之，渐开线越平直。当基圆半径趋于无穷大时，渐开线变成为直线，此时齿轮的渐开线齿廓就变为齿条的直线齿廓，如图 1.15(b)所示。

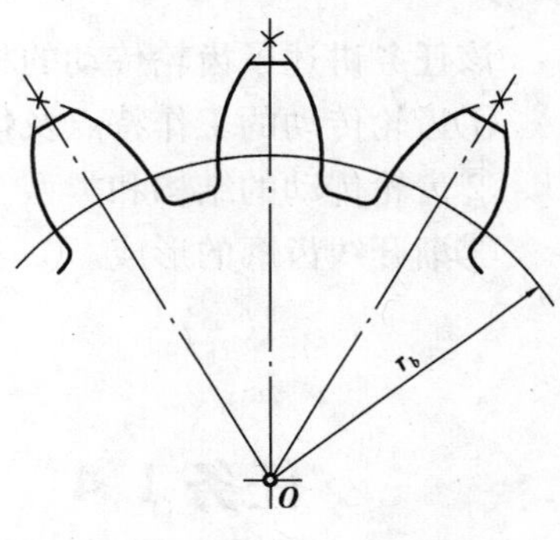

图 1.16　渐开线齿廓的形成

1.3.3　齿轮传动的应用

(1)传动比

齿轮传动的传动比是主动齿轮转速与从动齿轮转速之比，也等于两齿轮齿数的反比，即

$$i_{12} = \frac{n_1}{n_2} = \frac{z_2}{z_1} \tag{1.3}$$

式中　n_1, n_2——主、从动齿轮转速，r/min；

z_1, z_2——主、从动齿轮齿数。

(2)齿轮传动的特点及应用

齿轮传动是目前各类机械传动中应用最广泛的一种传动方式。其特点如下：

①适用范围广，传递的功率和速度范围大(它的直径从不到 1 mm 的仪表齿轮到 10 m 以上重型齿轮，它所传递的功率可达 10 万 kW，它的圆周线速度可达 300 m/s)。

②能保证瞬时传动比恒定，运转平稳，传递运动准确可靠。

③结构紧凑，可实现较大的传动比(一般圆柱齿轮 $i_{12}=5\sim8$)。

④传动效率高(一般 $\eta=0.94\sim0.99$)，而且使用寿命长。

⑤齿轮的制造和安装精度要求高。

⑥不宜用于两轴相距较远时的传动。

1.3.4 齿轮传动的基本要求

为了保证齿轮的正常传动,从传递运动和动力方面考虑,必须满足以下两个基本要求:

(1)传动平稳

要求齿轮在传动过程中,瞬时传动比恒定,噪声、冲击和振动要小。

(2)承载能力强

要求齿轮的尺寸小、质量轻、强度高、耐磨性好、能传递较大的动力,而且使用寿命长。

●**任务小结**

该任务讲述了齿轮传动的相关内容:

①齿轮传动的工作特点及传动比的计算。

②齿轮传动的结构和类型。

③渐开线齿廓的形成。

任务 1.4 齿轮传动主要参数及相关计算

学习任务

1. 了解渐开线齿轮各部分的名称和主要参数。
2. 了解齿轮的结构,能完成标准直齿圆柱齿轮的相关计算。
3. 掌握渐开线直齿圆柱齿轮传动的啮合条件。

知识学习

直齿圆柱齿轮传动是齿轮传动的最基本形式,如图 1.17 所示。它在机械传动装置中应用极为广泛。

图 1.17 直齿圆柱齿轮

1.4.1　直齿圆柱齿轮各部分名称和代号

直齿圆柱齿轮各部分名称和代号见表1.5。

表1.5　直齿圆柱齿轮各部分名称和代号

图　示

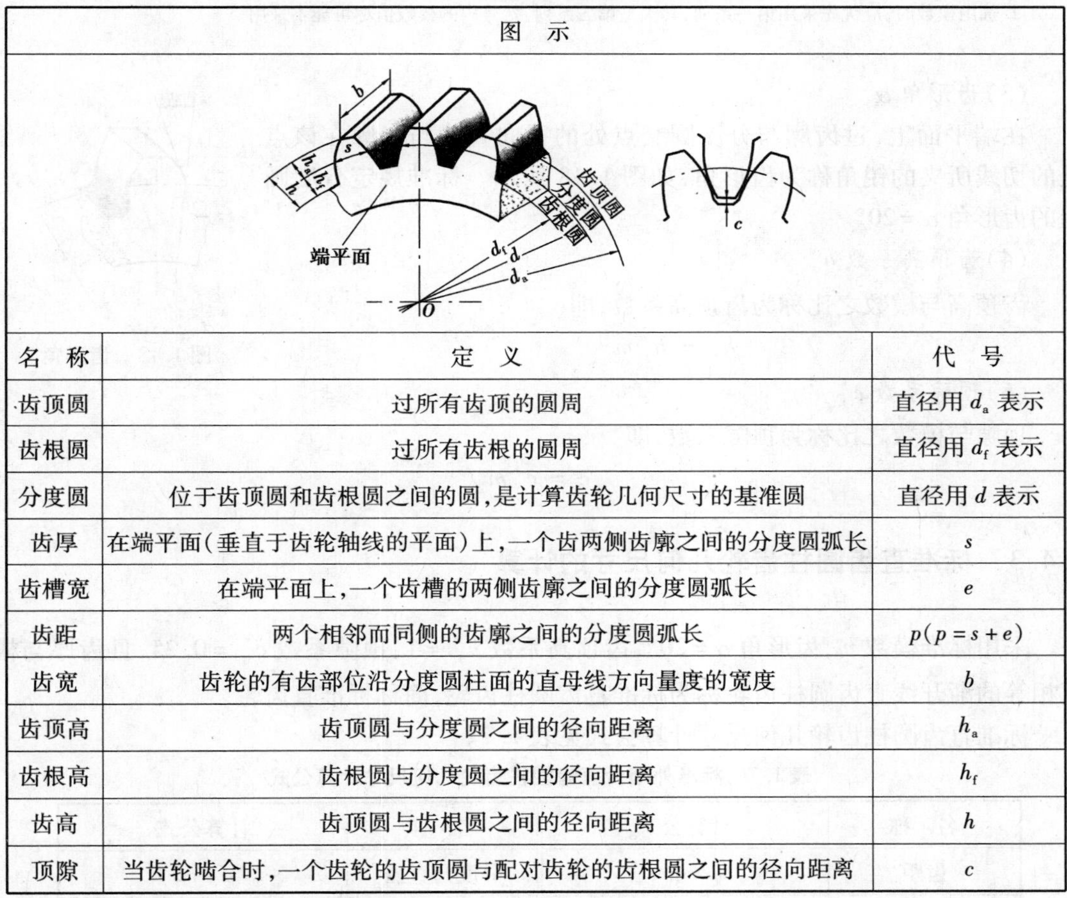

名　称	定　义	代　号
齿顶圆	过所有齿顶的圆周	直径用 d_a 表示
齿根圆	过所有齿根的圆周	直径用 d_f 表示
分度圆	位于齿顶圆和齿根圆之间的圆，是计算齿轮几何尺寸的基准圆	直径用 d 表示
齿厚	在端平面(垂直于齿轮轴线的平面)上，一个齿两侧齿廓之间的分度圆弧长	s
齿槽宽	在端平面上，一个齿槽的两侧齿廓之间的分度圆弧长	e
齿距	两个相邻而同侧的齿廓之间的分度圆弧长	$p(p=s+e)$
齿宽	齿轮的有齿部位沿分度圆柱面的直母线方向量度的宽度	b
齿顶高	齿顶圆与分度圆之间的径向距离	h_a
齿根高	齿根圆与分度圆之间的径向距离	h_f
齿高	齿顶圆与齿根圆之间的径向距离	h
顶隙	当齿轮啮合时，一个齿轮的齿顶圆与配对齿轮的齿根圆之间的径向距离	c

1.4.2　直齿圆柱齿轮的基本参数

(1)齿数 z

齿数是指齿轮圆周上的轮齿总数。

(2)模数 m

齿距 p 除以圆周率 π 所得的商，称为模数，即 $m=\dfrac{p}{\pi}$，单位为mm。模数已经标准化，其标准系列见表1.6。

表 1.6　标准模数系列/mm

第一系列	1　1.25　1.5　2　2.5　3　4　5　6　8　10　12　16　20　25　32　40　50
第二系列	1.75　2.25　2.75　(3.25)　3.5　(3.75)　4.5　5.5　(6.5)　7　9　(11)　14　18　22　28　36　45

注:1. 本表适用于渐开线圆柱齿轮,对斜齿轮指法向模数。

2. 选用模数时,应优先采用第一系列,其次是第二系列,括号内的模数值尽可能不采用。

(3) 齿形角 α

在端平面上,过齿廓与分度圆交点处的径向直线与齿廓在该点处的切线所夹的锐角称为齿形角,如图 1.18 所示。标准规定分度圆上的齿形角 $\alpha=20°$。

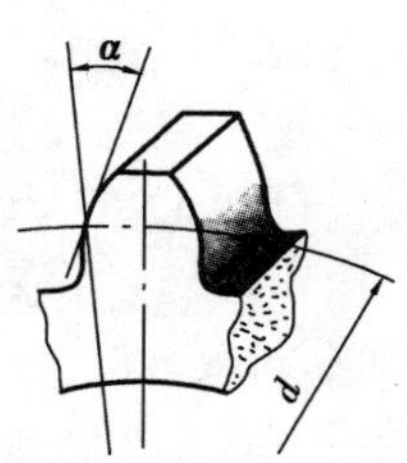

图 1.18　齿形角

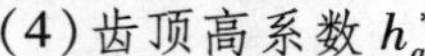

(4) 齿顶高系数 h_a^*

齿顶高与模数之比称为齿顶高系数,即

$$h_a = h_a^* m$$

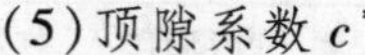

(5) 顶隙系数 c^*

顶隙与模数之比称为顶隙系数,即

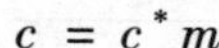

$$c = c^* m$$

1.4.3　标准直齿圆柱齿轮几何尺寸的计算

采用标准模数 m,齿形角 $\alpha=20°$,齿顶高系数 $h_a^*=1$,顶隙系数 $c^*=0.25$,且齿厚与槽宽相等的渐开线直齿圆柱齿轮称为标准直齿圆柱齿轮,简称标准直齿轮。

标准直齿圆柱齿轮几何尺寸计算公式见表 1.7。

表 1.7　标准外啮合直齿圆柱齿轮几何尺寸计算公式

名　称	计算公式	名　称	计算公式
齿距	$p=\pi m$	分度圆直径	$d=mz$
齿厚	$s=\dfrac{p}{2}=\dfrac{\pi m}{2}$	齿顶圆直径	$d_a=m(z+2)$
齿槽宽	$e=\dfrac{p}{2}=\dfrac{\pi m}{2}$	齿根圆直径	$d_f=m(z-2.5)$
齿顶高	$h_a=m$	齿宽	$b=(6\sim10)m$
齿根高	$h_f=1.25m$	中心距	$a=\dfrac{d_1+d_2}{2}=\dfrac{m(z_1+z_2)}{2}$
齿高	$h=h_a+h_f=2.25m$		

例 1.2　相互啮合的一对标准直齿圆柱齿轮,齿数分别为 $z_1=20$,$z_2=32$,模数 $m=10$ mm,试计算两齿轮的分度圆直径 d、齿顶圆直径 d_a、齿根圆直径 d_f 及中心距 a。

解　按公式计算为

$d_1 = mz_1 = 10\ \text{mm} \times 20 = 200\ \text{mm}$

$d_2 = mz_2 = 10\ \text{mm} \times 32 = 320\ \text{mm}$

$d_{a1} = m(z_1 + 2) = 10\ \text{mm} \times (20 + 2) = 220\ \text{mm}$

$d_{a2} = m(z_2 + 2) = 10\ \text{mm} \times (32 + 2) = 340\ \text{mm}$

$d_{f1} = m(z_1 - 2.5) = 10\ \text{mm} \times (20 - 2.5) = 175\ \text{mm}$

$d_{f2} = m(z_2 - 2.5) = 10\ \text{mm} \times (32 - 2.5) = 295\ \text{mm}$

$a = m(z_1 + z_2)/2 = 10\ \text{mm} \times (20 + 32)/2 = 260\ \text{mm}$

1.4.4　直齿圆柱齿轮的正确啮合条件

一对齿轮正确啮合并连续地传动，需要很多对轮齿依次正确啮合才行，即不产生卡死和冲击现象。为此，必须使两齿轮的基圆齿距相等，即 $p_{b1} = p_{b2}$，如图 1.19所示。

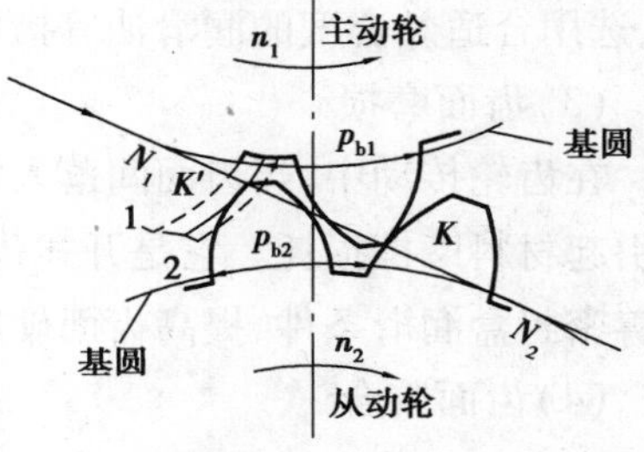

图 1.19　渐开线齿轮的正确啮合条件

因为

$$p_{b1} = \pi m_1 \cos \alpha_1$$

$$p_{b2} = \pi m_2 \cos \alpha_2$$

所以

$$m_1 \cos \alpha_1 = m_2 \cos \alpha_2$$

由于模数 m 和压力角 α 均已标准化，因此，渐开线直齿圆柱齿轮正确啮合条件为

$$\begin{cases} m_1 = m_2 = m \\ \alpha_1 = \alpha_2 = \alpha \end{cases}$$

即两齿轮的模数和压力角必须分别对应相等。

●任务小结

该任务讲述了直齿圆柱齿轮传动的相关内容：

①直齿圆柱齿轮各部分的名称及代号。

②直齿圆柱齿轮的基本参数为齿数 z、模数 m、齿形角 α、齿顶高系数 h_a^* 和顶隙系数 c^*。

③直齿圆柱齿轮的正确啮合条件为

$$\begin{cases} m_1 = m_2 = m \\ \alpha_1 = \alpha_2 = \alpha \end{cases}$$

●知识拓展

齿轮传动失效形式

齿轮传动丧失正常工作能力的现象，称为失效。齿轮传动失效主要发生在轮齿部分，主

要失效形式有齿轮轮齿折断、齿面点蚀、齿面磨损、齿面胶合及齿面塑性变形5种。

(1)齿轮折断

齿轮工作时,齿轮像悬臂梁一样承受弯曲载荷,因此齿根弯曲应力最大。当交变的齿根弯曲应力超过齿轮的弯曲疲劳极限应力且多次重复作用后,齿轮就会发生疲劳折断。采用脆性材料(如铸铁、整体淬火钢等)制成的齿轮,因瞬时过载,齿轮容易发生突然折断。直齿轮轮齿一般发生全齿折断,而斜齿轮和人字齿轮一般发生局部折断。

(2)齿面点蚀

在载荷反复作用下,齿轮表面接触应力超过接触疲劳极限时,齿面金属脱落而形成麻点状凹坑,这种现象称为齿面点蚀。实践表明,齿面点蚀大多发生在靠近节线的齿根部分。齿面点蚀是软齿面闭式齿轮传动最主要的失效形式。一般采取提高齿面硬度、降低齿面粗糙度、选用合适黏合度的润滑油等措施来提高齿面抗点蚀能力。

(3)齿面磨损

在齿轮传动中,当齿面间落入沙粒、铁屑等磨料性物质时,齿面被磨料性物质逐渐磨损而引起材料摩擦损耗。它是开式齿轮传动的主要失效形式之一。一般采取改用闭式传动、改善密封盒润滑条件、提高齿面硬度等措施来提高抗磨损能力。

(4)齿面胶合

在高速重载齿轮传动中,由于齿面间啮合点处瞬时温度过高,润滑失效,致使相啮合两齿面金属尖峰直接接触并相互粘连在一起,严重时甚至相互咬死,继续转动时,较软齿面上的金属被撕落下来,齿面上实诚梁状沟痕,这种现象称为齿面胶合。一般采取使用黏度大或有抗胶合添加剂的润滑油(如硫化油)、提高齿面硬度、改善齿面粗糙度、配对齿轮采用不同的材料、加强散热等措施来防止齿面胶合的发生。

(5)齿面塑性变形

在严重过载、启动频繁或重载传动中,较软齿面会发生塑性变形,破坏正确齿形。防止塑性变形的办法是提高齿面硬度和遵守操作规程。

任务1.5　其他齿轮传动及切齿原理

学习任务

1. 掌握斜齿圆柱齿轮传动的相关参数及啮合特点。
2. 掌握直齿圆锥齿轮传动的相关参数及啮合特点。
3. 了解渐开线齿轮切齿原理、根切及预防方法。

知识学习

1.5.1　斜齿圆柱齿轮传动

(1)斜齿圆柱齿轮的形成

齿线为螺旋线的圆柱齿轮称为斜齿圆柱齿轮,简称斜齿轮。

平面沿着一个固定的圆柱面(基圆柱面)作纯滚动时,此平面上的一条以恒定角度与基圆柱的轴线倾斜交错的直线在固定空间内的轨迹曲面,称为渐开螺旋面,如图 1.20 所示。

其恒定角度称为基圆螺旋角,用 β_b 表示。用渐开螺旋面作为齿面的圆柱齿轮即为渐开线圆柱齿轮。当 $\beta_b=0$ 时,为直齿圆柱齿轮;当 $\beta_b\neq 0$ 时,则为斜齿圆柱齿轮。

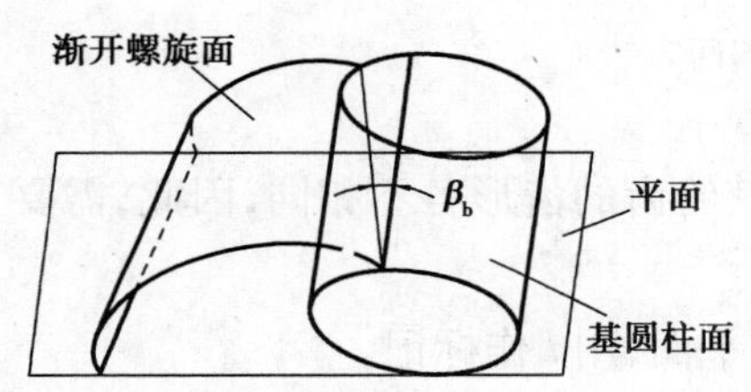

图 1.20　渐开线螺旋面的形成

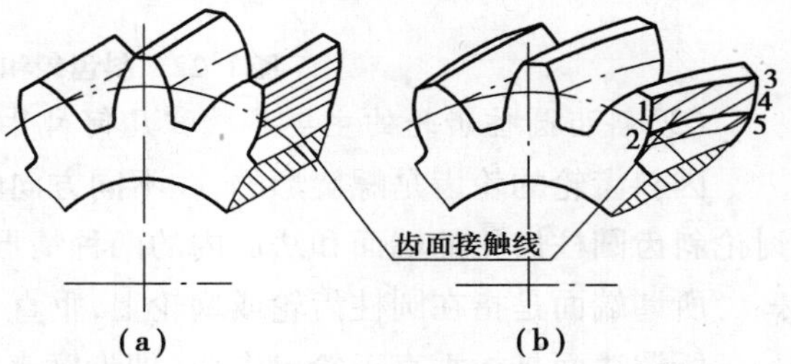

图 1.21　圆柱齿轮啮合时的齿面接触线

(2)斜齿圆柱齿轮传动的特点

与直齿轮传动比较,斜齿轮传动有以下特点:

①传动平稳、承载能力高。直齿轮啮合传动时,其接触线是一条等于齿宽且平行于齿轮轴线的直线,如图 1.21(a)所示,啮合过程是同时开始和同时终止,故传动平稳性差,在高速、重载下,容易引起冲击、振动和噪声。斜齿轮啮合时,接触线是倾斜的,啮合过程是沿着齿宽是逐渐接触并由短变长,再由长变短,直至啮合终止(见图 1.21(b)),其啮合时间比直齿长,同时啮合的轮齿对数比直齿轮多,因此传动平稳,连续性好,承载能力高,适用于高速、大功率传动。

②传动时产生轴向力。斜齿轮由于轮齿倾斜,因此在传动中将产生轴向分力,在不考虑摩擦的影响下,作用在斜齿轮上的法向力 F_n 在过作用点的法面内。F_n 在法面内分解为径向力 F_r 和与之垂直的力 F',F'又可分解为圆周力 F_t 和轴向力 F_x,如图 1.22(a)所示。为了克服轴向力 F_x 对传动的影响,须采用可承受轴向力的轴承,当载荷很大时,也可采用人字齿轮传动。

人字齿轮相当于两个螺旋角大小相等、旋向相反的斜齿轮并起来的,以使两边产生的轴向力 F_x 平衡抵消,如图 1.22(b)所示,但人字齿轮加工比较困难,且精度也不高,主要用在重型机械传动中。

③不能用作变速滑移齿轮。

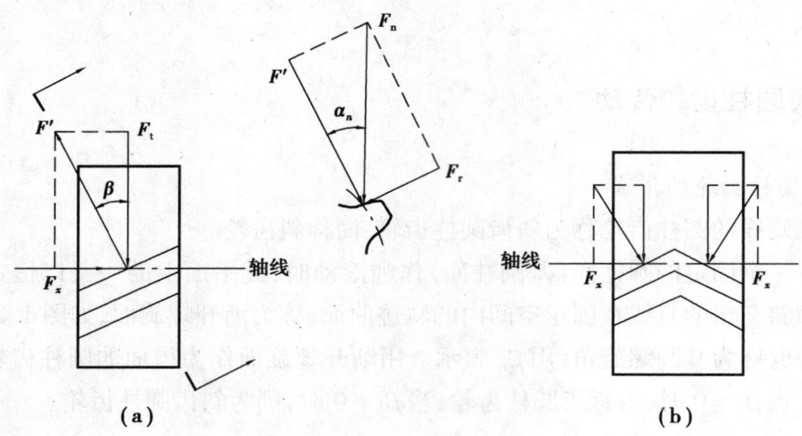

图 1.22　斜齿轮和人字齿轮的轴向力

(3)斜齿圆柱齿轮的主要参数和几何尺寸

因斜齿轮的轮齿是螺旋形的，在不同方向的截面上，其轮齿的齿形各不相同，因此，需要讨论斜齿圆柱齿轮的端面和法面内的两种情形。

所谓端面是指在圆柱齿轮或蜗轮上，垂直于其轴线的平面，用 t 作标记。

所谓法面是指垂直于轮齿齿线(即齿廓表面与分度圆柱面的交线)的平面，用 n 作标记。

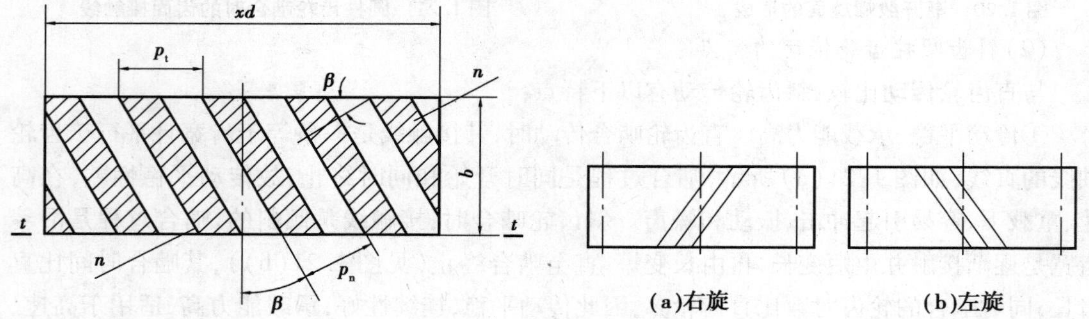

图 1.23　斜齿轮端面和法面的关系

图 1.24　斜齿轮螺旋方向的判定

1)螺旋角

螺旋角是指螺旋线与轴线之间所夹的锐角，通常是指分度圆柱面上的螺旋角，用 β 表示，如图 1.23 所示。若 β 太小，斜齿轮传动的各项优点不突出；若 β 太大，则产生的轴向力过大，使齿轮和轴承的轴向定位困难，一般取 $\beta = 8° \sim 20°$。

斜齿轮的螺旋方向可分为右旋和左旋。

判别方法是：将齿轮的轴线垂直于水平面放置，轮齿齿线右边较高者为右旋；轮齿齿线左边较高者为左旋，如图 1.24 所示。

2)模数

由于斜齿轮的轮齿齿形尺寸在端面与法面上不一样，斜齿轮的模数分为法向模数 m_n 和

端面模数 m_t，标准斜齿圆柱齿轮的法向模数采用标准值，即 $m_n = m$。

如图1.23所示，设 p_n 为法向齿距，p_t 为端面齿距，则

$$p_n = p_t \cos\beta$$

因为

$$m_n = \frac{p_n}{\pi}, m_t = \frac{p_t}{\pi}$$

所以

$$m_t = \frac{m_n}{\cos\beta} \tag{1.4}$$

3）压力角

斜齿轮的压力角分为法向压力角 α_n 和端面压力角 α_t，标准斜齿圆柱齿轮的法向压力角 α_n 采用标准值，其值为20°，即 $\alpha_n = \alpha = 20°$

由于斜齿轮的端面齿形是与直齿圆柱齿轮相似的渐开线，因此，斜齿轮的大部分几何尺寸均可按端面参数直接利用表1.7中的有关公式进行计算。

(4) 正确啮合条件

一对外啮合的斜齿圆柱齿轮正确啮合的条件是：两轮的法向模数和法向压力角分别相等，两轮的螺旋角大小相等，且旋向相反，即

$$\begin{cases} m_{n1} = m_{n2} = m \\ \alpha_{n1} = \alpha_{n2} = \alpha \\ \beta_1 = -\beta_2 \end{cases}$$

(5) 相错轴斜齿轮传动

如果两斜齿轮在分度圆上的螺旋角是任意的，这样的一对斜齿轮可用来传递两相错轴之间的运动，称为相错轴斜齿轮传动。其正确啮合的条件是：两齿轮的法向模数和法向压力角必须分别相等且为标准值，即

$$\begin{cases} m_{n1} = m_{n2} = m \\ \alpha_{n1} = \alpha_{n2} = \alpha \end{cases}$$

1.5.2 直齿圆锥齿轮传动

直齿圆锥齿轮传动是用于传递两相交轴之间的旋转运动，两轴线之间的交角 Σ 可以是任意的，但在一般机械上，常采用两轴线互相垂直（$\Sigma = 90°$）的锥齿轮传动，如图1.25所示。

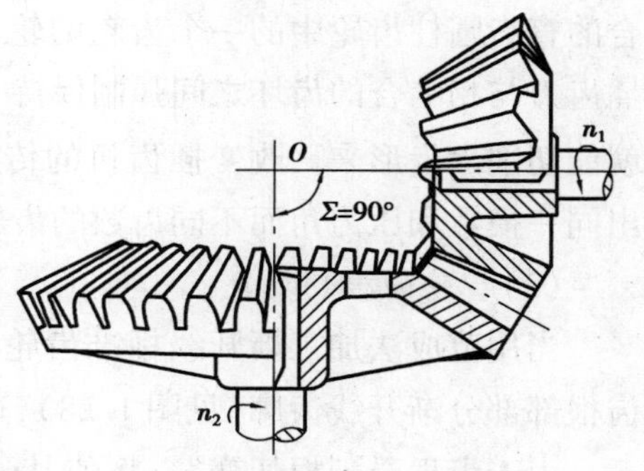

图1.25 直齿圆锥齿轮传动

直齿圆锥齿轮的轮齿分布在圆锥面上，沿齿宽方向各截面尺寸不等。标准直齿圆锥齿轮以大端模数为标准值、法向压力角 $\alpha = 20°$来计算其几何尺寸。

标准直齿圆锥齿轮的各部分尺寸计算较复杂,可查阅相关国家标准。

直齿圆锥齿轮正确啮合条件是:两齿轮的大端模数和压力角必须分别相等,即

$$\begin{cases} m_1 = m_2 = m \\ \alpha_1 = \alpha_2 = \alpha \end{cases}$$

1.5.3 齿轮的根切现象和最少的齿数

(1)齿轮轮齿的加工方法

齿轮轮齿的切削加工方法,按加工原理可分为仿形法和范成法两大类。

1)仿形法

仿形法又称成形法,它是利用与齿轮齿间的齿廓曲线相同的成形刀具在铣床上直接切出齿轮的齿形,如图 1.26 所示。图 1.25(a)为盘状铣刀在卧式铣床上加工齿轮,图 1.25(b)为指状铣刀在立式铣床上加工齿轮。

2)范成法

范成法又称展成法,它是利用一对齿轮的啮合原理来加工齿轮的。同一模数和压力角而齿数不同的齿轮,可用同一把刀具加工,精度和效率较高,但需要专门的齿轮加工机床。

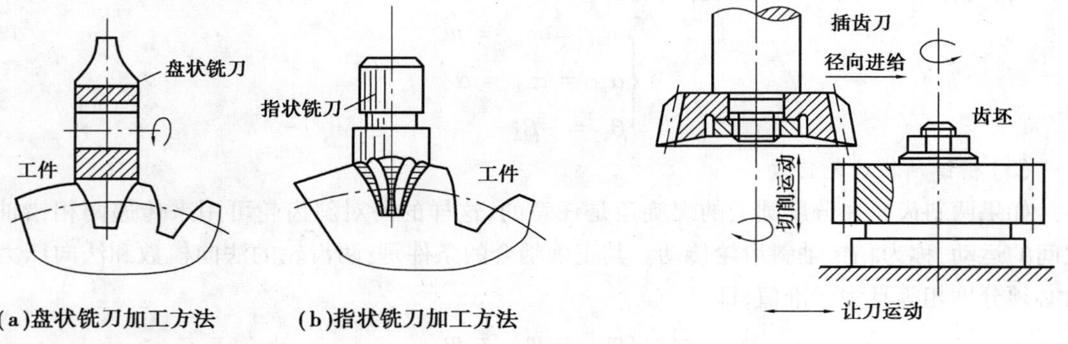

(a)盘状铣刀加工方法　(b)指状铣刀加工方法

图 1.26　仿形法加工

图 1.27　用插齿刀范成加工齿轮原理

如图 1.27 所示为利用插齿刀在插齿机上加工齿轮。插齿加工实际上相当于把一对啮合的直齿圆柱齿轮中的一个齿轮的轮齿磨制成刀刃,以这一齿轮作为插齿刀进行加工。当插齿刀与相啮合的齿坯之间强制保持一对齿轮啮合的传动比关系时,插齿刀上下往复运动,就能切削出齿形来。改变插齿机的传动比,用一把插齿刀可加工出同一模数和压力角而不同齿数的齿轮。

(2)齿轮的根切现象

当用范成法加工渐开线标准齿轮时,有时出现刀具切去了轮齿根部部分渐开线齿廓(见图 1.28),这种现象称为轮齿的根切。

图 1.28　齿轮的根切现象

由于齿根受到根切变窄,将使其强度削弱,承载能力下降,同时也影响传动平稳性,因此制造齿轮时,应避免根切现象出现。

(3)齿轮的最少齿数

产生根切的根本原因,是由于被切齿轮的齿数过少。因此,要避免根切,被切标准齿轮的齿数必须大于一个定值。用标准齿条刀具切制齿轮而不发生根切的最少齿数 z_{min} 可用公式 $z_{min}=2h_a^*/\sin^2\alpha$ 求得。

直齿圆柱齿轮最少齿数 z_{min} 的数值见表1.8。

表1.8　避免根切的最少齿数

压力角 α	齿顶高系数 h_a^*	z_{min}
20°	1	17
20°	0.8	14

●任务小结

该任务讲述了斜齿圆柱齿轮及直齿圆锥齿轮传动的相关内容:

①一对外啮合的斜齿圆柱齿轮正确啮合的条件:两轮的法向模数和法向压力角分别相等,两轮的螺旋角大小相等,且旋向相反,即

$$\begin{cases} m_{n1}=m_{n2}=m \\ \alpha_{n1}=\alpha_{n2}=\alpha \\ \beta_1=-\beta_2 \end{cases}$$

②直齿圆锥齿轮正确啮合条件是:两齿轮的大端模数和压力角必须分别相等,即

$$\begin{cases} m_1=m_2=m \\ \alpha_1=\alpha_2=\alpha \end{cases}$$

●知识拓展

(1)齿轮常用材料

对齿轮材料主要的性能要求如下:

①齿面具有较高的硬度和耐磨性。

②齿轮芯部具有一定的强度和韧性。

③齿轮具有良好的加工性能和热处理性能。

常用的齿轮材料有锻钢、铸钢和铸铁,对于高速、轻载的齿轮传动,还可采用塑料、尼龙和胶木等非金属材料。常用的齿轮材料及其力学性能见表1.9。

(2)齿轮传动的润滑与维护

1)齿轮传动的润滑

齿轮传动的润滑目的是:减轻磨损、提高效率、散热、防锈、延长寿命等。一般对闭式齿轮传动常采用油润滑和喷油润滑,前者只适用于圆周速度 $v<12$ m/s 的场合。对于开式齿轮传动,由于其传动速度较低,一般采用人工定期加油润滑的方式。

2）齿轮传动的维护

正确的使用和维护是保证齿轮传动正常工作、延长使用寿命、防止意外事故的重要技术措施。具体的维护保养应注意以下4个方面：

①保持良好的工作环境。

②遵守操作规程。

③经常检查齿轮传动润滑系统的状况。

④经常观察、定期检修。

表1.9　常用的齿轮材料及其力学性能

材　料	牌　号	热处理方法	强度极限/MPa	屈服极限/MPa	齿面硬度
灰口铸铁	HT300	正火	300	—	187～255HBS
球墨铸铁	QT600-3		600	—	190～270HBS
铸钢	ZG310-570		580	320	163～197HBS
	ZG340-640		650	350	179～207HBS
优质碳素结构钢	45		580	290	162～217HBS
铸钢	ZG340-640	调质	700	380	241～269HBS
优质碳素结构钢	45		650	360	217～255HBS
合金钢	35SiMn		750	450	217～269HBS

任务1.6　蜗杆传动

学习任务

1. 了解蜗杆传动的组成及转向判定。
2. 了解蜗杆传动的特点及应用范围。
3. 了解蜗杆传动的类型和基本参数。

知识学习

1.6.1　蜗杆传动的组成及转向判定

如图1.29所示，蜗杆传动由蜗杆和蜗轮组成，用来传递空间交错轴间的运动和动力，通常两轴空间垂直交错成90°。一般以蜗杆为主动件，蜗轮为从动件。

蜗杆外形类似于螺杆，有左旋和右旋、单头和多头之分；蜗轮的形状与斜齿轮相似，但轮齿沿齿宽方向呈弧形,以改善齿面的接触情况。

蜗杆传动装置中,蜗轮的转动方向(转向)不仅与蜗杆的转向有关,还与其螺旋方向(旋向)有关。

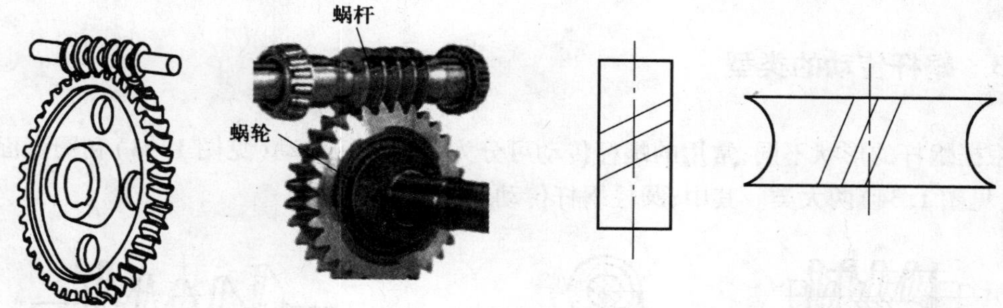

图1.29　蜗杆传动　　　　图1.30　蜗杆蜗轮旋向判定

(1)旋向判定

蜗杆、蜗轮旋向的判定方法与斜齿轮一样,即将蜗杆、蜗轮的轴线垂直于水平面放置,轮齿齿线右边较高者为右旋;轮齿齿线左边较高者为左旋,如图1.30所示。

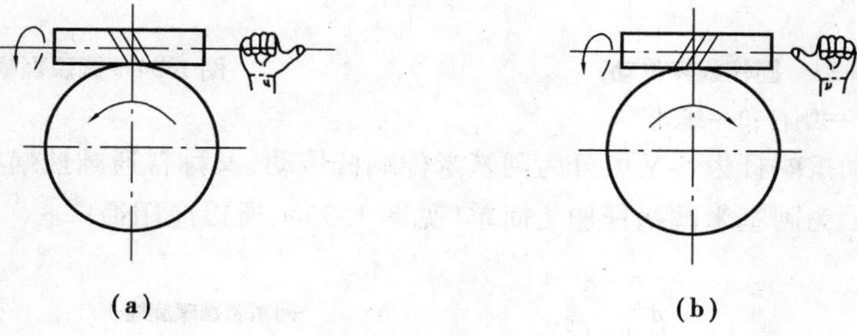

图1.31　蜗轮转向判定图

(2)转向判定

若已知蜗杆转向和旋向,蜗轮转向的判定方法为:当蜗杆是右旋(或左旋)时,伸出右手(或左手)半握拳,四指顺着蜗杆的转动方向,大拇指指向的相反方向即为蜗轮转动方向,如图1.31所示。

1.6.2　蜗杆传动的特点及应用

蜗杆传动与齿轮传动相比,主要有以下特点:

①传动比大且准确,结构紧凑。

②传动平稳,噪声小。

③具有自锁性能。当蜗杆导程角小于摩擦角时,蜗轮不能带动蜗杆,可用于需要反向自锁的起重设备等。如图1.32所示的手动葫芦就利用了蜗杆传动的这个特性,能使重物停

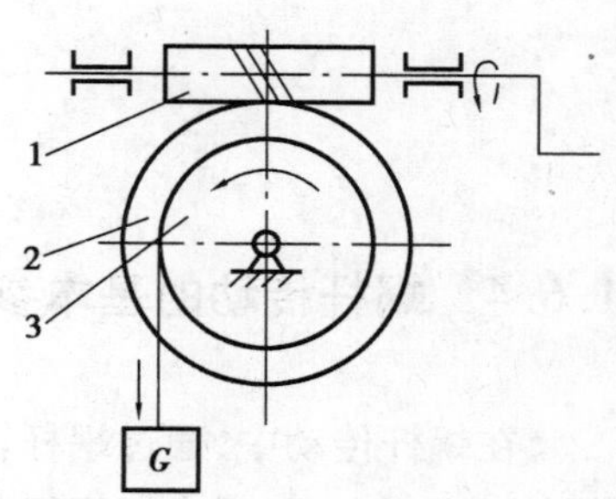

图1.32　手动葫芦原理图

1—蜗杆;2—蜗轮;3—卷筒

留在任意升降位置,而不会自动下落。

④发热和磨损较严重,传动效率低。

⑤成本较高,因为蜗轮需采用较贵重的青铜制造。

1.6.3 蜗杆传动的类型

根据蜗杆的形状不同,常用的蜗杆传动可分为圆柱蜗杆传动(见图 1.33)和圆弧面蜗杆传动(见图 1.34)两大类。其中,圆柱蜗杆传动应用较广泛。

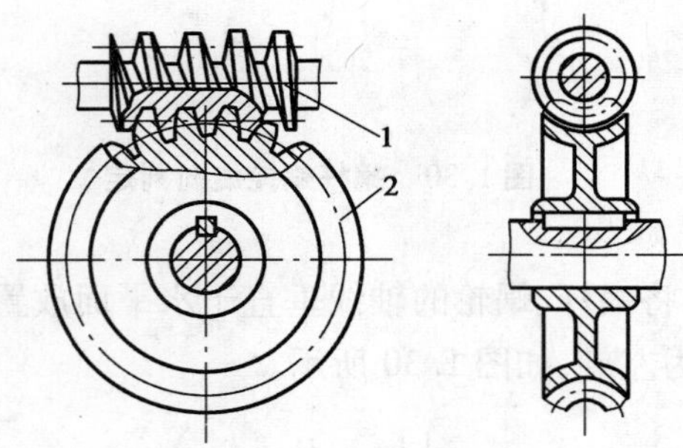

图 1.33 圆柱蜗杆传动

1—蜗杆;2—蜗轮

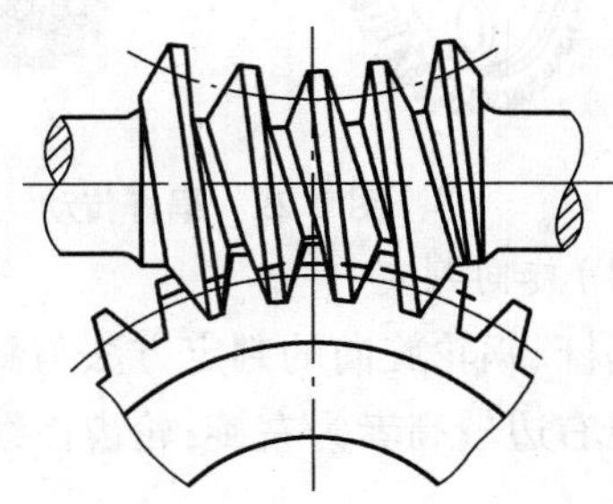

图 1.34 圆弧面蜗杆传动

圆柱蜗杆传动按蜗杆齿形又可分为阿基米德蜗杆传动(又称普通圆柱蜗杆传动)和渐开线蜗杆传动等。因为阿基米德蜗杆加工简单(见图 1.35),所以应用最广。

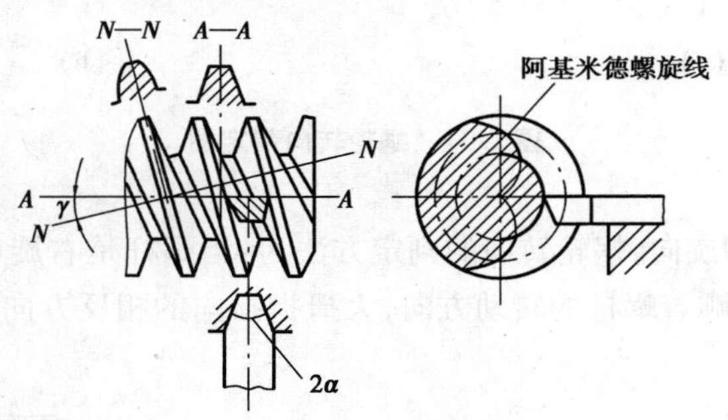

图 1.35 阿基米德蜗杆

1.6.4 蜗杆传动的基本参数

在蜗杆传动中,通过蜗杆轴线并垂直于蜗轮轴线的平面称为中间平面,如图 1.36 所示。在中间平面内,阿基米德蜗杆的齿廓是直线,相当于齿条;蜗轮的齿廓是渐开线,相当于渐开线齿轮。因此,在中间平面内,蜗杆与蜗轮的啮合就相当于齿条与齿轮的啮合。

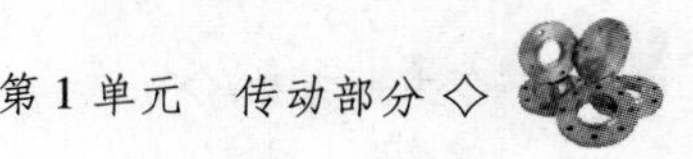

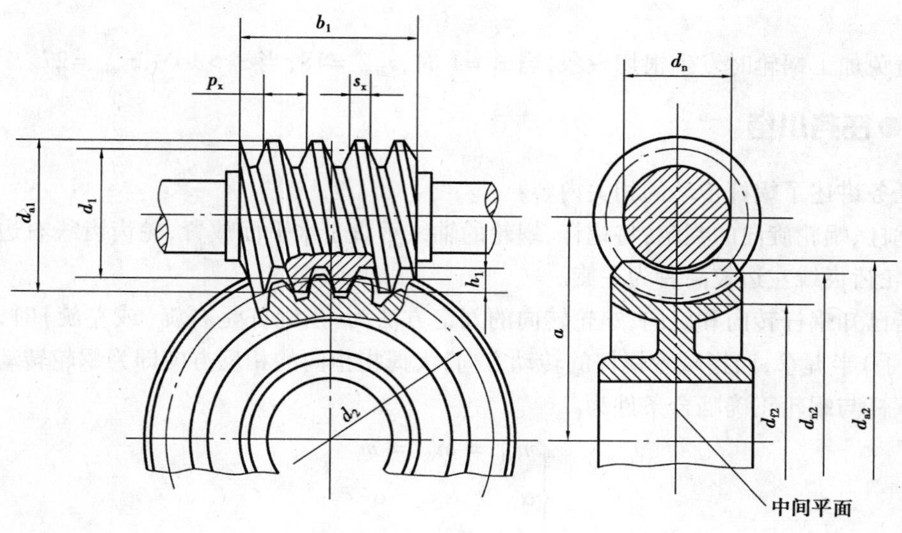

图 1.36　蜗杆传动的基本参数

(1)模数和压力角

为了加工方便,普通圆柱蜗杆传动规定中间平面内的模数和压力角为标准值,即蜗杆的轴向模数 m_{x1}、轴向压力角 α_{x1} 与蜗轮的端面模数 m_{t2}、端面压力角 α_{t2} 均为标准值,并且对应相等。

(2)蜗轮螺旋角 β 和蜗杆导程角 r

蜗轮螺旋角 β 是指分度圆柱面上螺旋线与轴线之间所夹锐角。

蜗杆导程角 r 是指蜗杆分度圆柱面上螺旋线与端平面之间所夹锐角(见图 1.37)。

蜗杆与蜗轮正确啮合条件为

$$\begin{cases} m_{x1} = m_{t2} = m \\ \alpha_{x1} = \alpha_{t2} = \alpha \\ \gamma = \beta \end{cases}$$

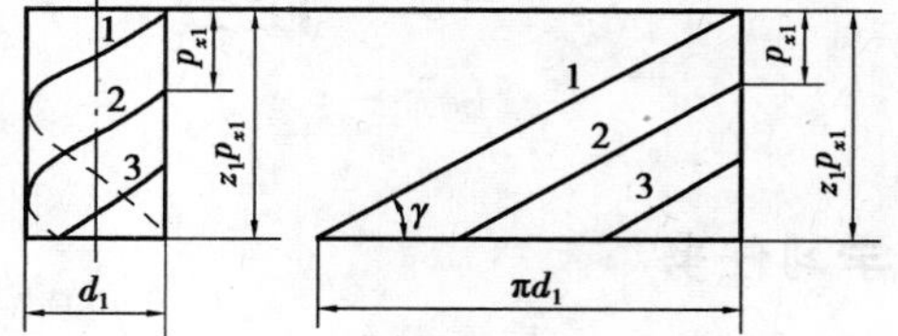

图 1.37　蜗杆分度圆柱面展开图

(3)蜗杆头数 z_1 和蜗轮齿数 z_2

蜗杆传动中,设蜗杆、蜗轮转速分别分 n_1,n_2,则传动比为

$$i_{12} = \frac{n_1}{n_2} = \frac{z_2}{z_1}$$

蜗杆头数 z_1 通常取 1 ~ 4。

当传动比一定时,z_1 越少,z_2 相应减少,可使结构紧凑,但蜗杆导程角 γ 减小,使传动效率降低;头数 z_1 越多,其导程角 γ 越大,传动效率越高,但加工越困难,且自锁性能差。因此,一般分度机构或要求自锁的装置中,多用 $z_1 = 1$;动力传动中,常取 $z_1 = 2 \sim 3$;传递较大功率时,为提高效率,可取 $z_1 = 4$。

蜗轮齿数 z_2,可根据传动比 i_{12} 和蜗杆头数 z_1 决定,即

$$z_2 = i_{12} z_1$$

为避免加工蜗轮时发生根切现象，当 $z_1 = 1$ 时，$z_{2\min} = 18$；当 $z_1 > 1$ 时，$z_{2\min} = 27$。

●任务小结

该任务讲述了蜗杆传动的相关内容：

①蜗杆、蜗轮旋向的判定：将蜗杆、蜗轮的轴线垂直于水平面放置，轮齿齿线右边较高者为右旋；轮齿齿线左边较高者为左旋。

②若已知蜗杆转向和旋向，蜗轮转向的判定方法为：当蜗杆是右旋（或左旋）时，伸出右手（或左手）半握拳，四指顺着蜗杆的转动方向，大拇指指向的相反方向即为蜗轮转动方向。

③蜗杆与蜗轮正确啮合条件为

$$\begin{cases} m_{x1} = m_{t2} = m \\ \alpha_{x1} = \alpha_{t2} = \alpha \\ \gamma = \beta \end{cases}$$

●知识拓展

在涡轮蜗杆传动中，蜗杆、涡轮的齿廓间将产生很大的相对滑动，摩擦、磨损和发热严重，使蜗杆传动失效。蜗杆传动的主要失效形式为胶合、磨损和点蚀。由于蜗杆齿为连续的螺旋齿，且材料强度高于涡轮材料强度，因而失效总是发生在蜗轮轮齿上。

任务 1.7　齿轮系与减速器

学习任务

1. 熟悉轮系类型和应用。
2. 会计算定轴轮系传动比及方向的判定。
3. 了解减速器的类型、结构、标准和应用。

知识学习

1.7.1　轮系的分类和应用

在现代机械中，常用一对齿轮传递运动和动力，但要用一对齿轮来实现较大的传动比，会增加小齿轮的制造难度和大齿轮的几何尺寸，切削齿轮的使用寿命也会降低。通常可以将一系列相互啮合的齿轮组成轮系（见图 1.38），以此实现更多的用途。

图1.38　轮系

(1)轮系的分类

按轮系运动是轴线是否固定,将轮系分为定轴轮系和行星轮系两大类。

1)定轴轮系

轮系运动时,所有齿轮轴线的位置都是固定的轮系,成为定轴轮系,如图1.39所示。

2)行星轮系

轮系运动时,至少有一个齿轮的轴线可绕另一齿轮的轴线转动的轮系,称为行星轮系,如图1.40所示。齿轮2除绕自身轴线回转外,还随同构件H一起绕齿轮1的固定几何轴线回转。齿轮2成为行星轮,H称为行星架或系杆,齿轮1称为太阳轮。

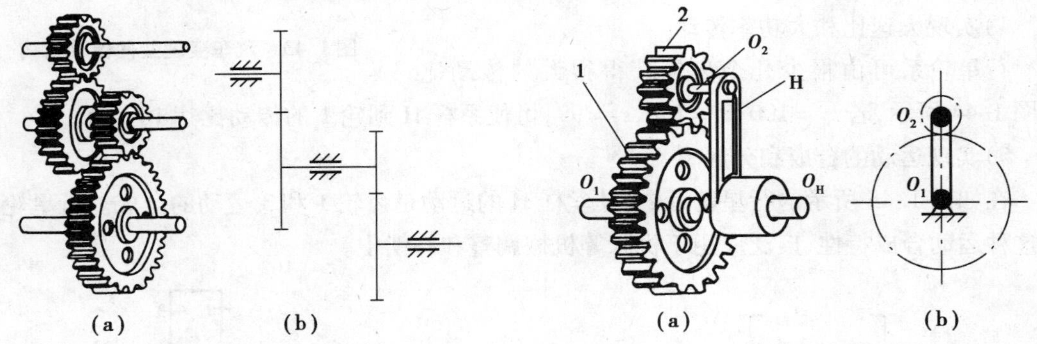

图1.39　定轴轮系　　图1.40　行星轮系

(2)轮系的应用

1)实现相距较远的两轴之间的传动

如图1.41所示,用4个小齿轮a,b,c,d组成的轮系,代替一对大齿轮1,2来实现啮合传动,即实现了较远距离两轴间的传动,又节省了材料,方便制造和安装。

2)实现分路传动

如图1.42所示为滚齿机上实现滚刀与轮坯运动的传动简图。图中由轴Ⅰ来的运动和动力经齿轮 1,2 传给单头滚刀,同时又与锥齿轮 1 同轴的齿轮 3 经齿轮 4,5,6,7 传给蜗杆 8,再传给蜗轮 9 而至轮坯。这样实现了运动和动力的分路传动。

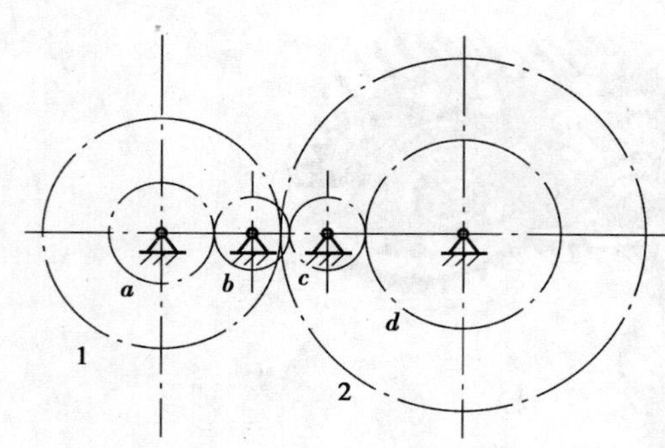

图 1.41　远距离传动

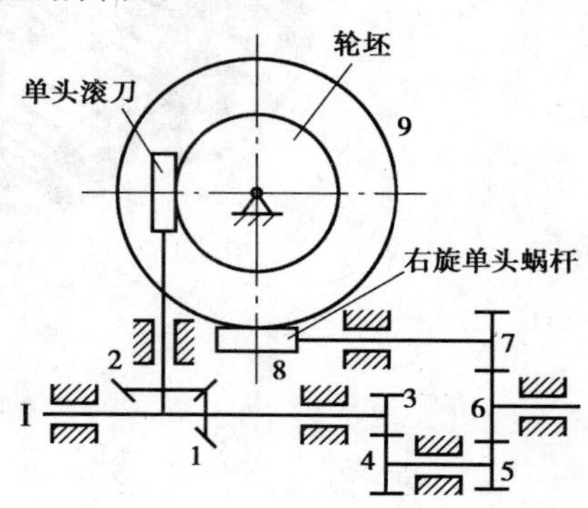

图 1.42　分路传动

3)实现变速变向传动

如图 1.43 所示为汽车上常用的三轴四速变速器传动简图。图 1.43 中,轴Ⅰ为输入轴,轴Ⅲ为输出轴,轴Ⅱ和轴Ⅳ为中间传动轴。当牙嵌离合器的 x 和 y 半轴接合,滑移齿轮 4,6 空转时,轴Ⅲ得到与Ⅰ轴同样的高转速;当离合器脱开,运动和动力由齿轮 1,2 传给轴Ⅱ,当移动滑移齿轮使 4 与 3 啮合,或 6 与 5 啮合,轴Ⅲ可得中速或低速挡;当移动齿轮 6 与轴Ⅳ上的齿轮 8 啮合,轴Ⅲ转速反向,可得低速的倒车挡。

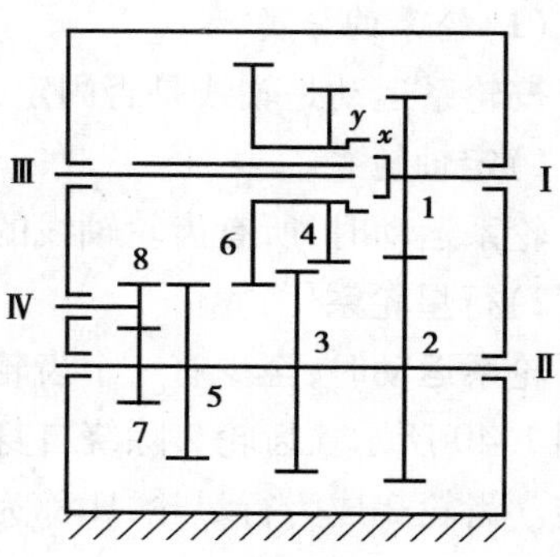

图 1.43　汽车变速变向传动机构

4)实现大速比和大功率传动

行星轮系可由很少几个齿轮获得很大的传动比。如图 1.44 所示,若 $z_1 = 100, z_2 = 100, z_3 = 99$,可使系杆 H 到轮 1 的传动比达 10 000。

5)实现运动的合成和分解

在如图 1.45 所示的行星轮系中,其丝杠 H 的运动是齿轮 1 和 3 运动的合成。行星轮系的这种运动合成特性,广泛应用于机床等机械调整和补偿中。

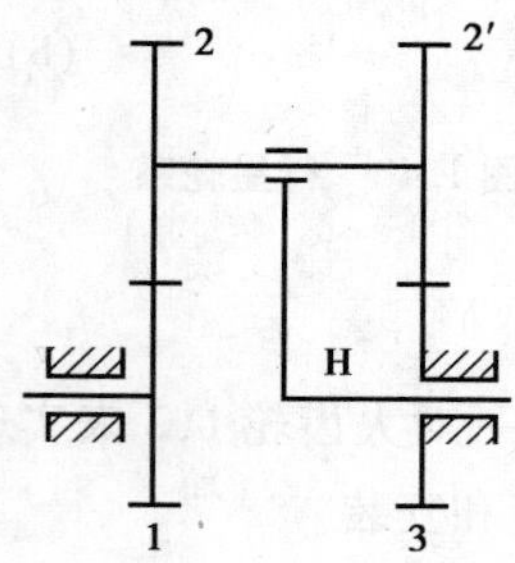

图 1.44　大传动比传动

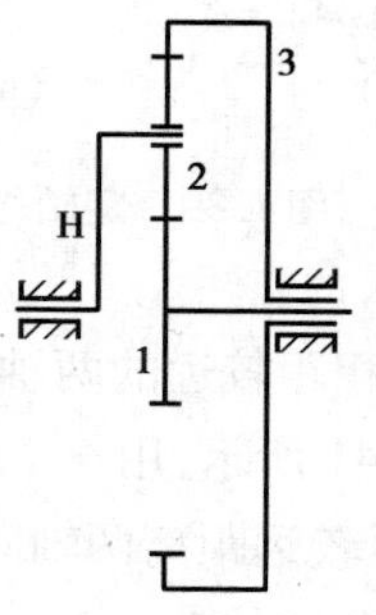

图 1.45　运动的分解与合成

1.7.2　定轴轮系的传动比

轮系中,输入轴与输出轴的角速度或转速之比,称为轮系传动比。计算传动比时,不仅要计算其大小,还要确定输入轴与输出轴的转向关系。

对于各轴线平行的定轴轮系,依据两圆柱齿轮内啮合时转向相同为(+),两齿轮外啮合时转向相反为(-)的原则确定轮系各轴的转向关系。(+)表示输入轴与输出轴转向相同,(-)表示输入轴与输出轴转向相反。另外,还可用作图法来确定齿轮的转向:外啮合齿轮传动,用反方向箭头表示;内啮合齿轮传动,用同方向箭头表示。

对于包含锥齿轮或蜗杆传动的定轴轮系,一般用作图法来确定齿轮的转向。其中,锥齿轮传动,两箭头同时指向或背离啮合处;涡轮传动,则用左、右手定则来确定其转向。

如图 1.46 所示为各轴线平行的定轴轮系。在这个定轴轮系中,输入轴与主动轴首轮 1 固联,输出轴与从动末轮 5 固联,因此,该轮系传动比,即输入轴与输出轴的转速比,也就是主动首轮 1 与末轮 5 的传动比 i_{15}。

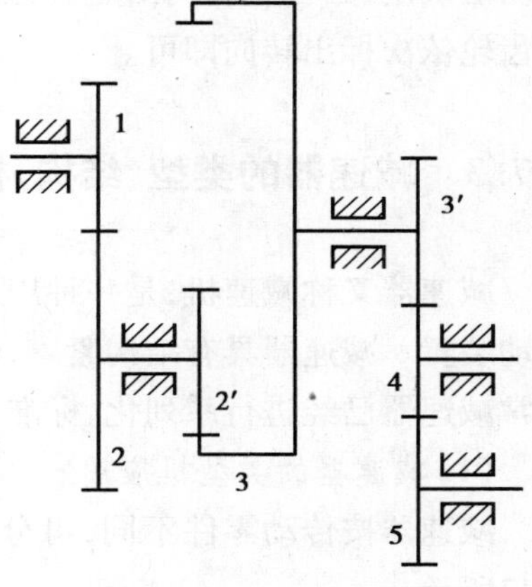

图 1.46　定轴轮系

①由如图 1.46 所示的机构运动简图,可知齿轮啮合顺序即传动线为

$$1—2—2'—3—3'—4—5$$

其中,1,2′,3′,4 为主动轮;2,3,4,5 为从动轮。

②设 $n_1,\cdots,n_5$ 为各齿轮转速,$z_1,\cdots,z_5$ 为各齿轮的齿数,轮系中各对齿轮的传动比为

$$i_{12} = \frac{n_1}{n_2} = \frac{z_2}{z_1}$$

$$i_{2'3} = \frac{n_{2'}}{n_3} = \frac{z_3}{z_{2'}}$$

$$i_{3'4} = \frac{n_{3'}}{n_4} = -\frac{z_4}{z_{3'}}$$

$$i_{45} = \frac{n_4}{n_5} = -\frac{z_5}{z_4}$$

③该传动系传动比为

$$\begin{aligned} i_{15} &= i_{12} \times i_{2'3} \times i_{3'4} \times i_{45} \\ &= \frac{n_1}{n_2} \times \frac{n_{2'}}{n_3} \times \frac{n_{3'}}{n_4} \times \frac{n_4}{n_5} \\ &= \left(-\frac{z_2}{z_1}\right) \times \frac{z_3}{z_{2'}} \times \left(-\frac{z_4}{z_{3'}}\right) \times \left(-\frac{z_5}{z_4}\right) \end{aligned}$$

因齿轮 2 与齿轮 2′同轴,齿轮 3 与齿轮 3′同轴,故

$$n_2 = n'_2, n_3 = n'_{3'}$$

故

$$i_{15} = \frac{n_1}{n_5} = (-1)^3 \times \frac{z_2 \times z_3 \times z_4 \times z_5}{z_1 \times z_{2'} \times z_{3'} \times z_4}$$

由此可推断出轴线平行的定轴轮系传动比计算方法如下;

①写出轮系齿轮啮合顺序,分清主、从动齿轮。

②计算传动比大小,即

$$i_{1k} = \frac{n_1}{n_k} = (-1)^m \times \frac{\text{所有从动齿轮齿数连乘积}}{\text{所有主动齿轮齿数连乘积}}$$

式中,1 为首轮,k 为末轮。

③确定传动比符号。传动比符号由用$(-1)^m$ 来表示,m 为外啮合齿轮的对数,也可用作图法确定,当首轮转向给定后,按外啮合齿轮转向相反,内啮合齿轮转向相同的原则,对各对齿轮依次标出转向即可。

1.7.3 减速器的类型、结构、标准和应用

减速器又称减速机,是一种用来改变原动机和工作机之间转速、转矩及轴线位置的独立传动装置。减速器具有结构紧凑,使用维修简单和效率高等特点。为了便于使用单位选用,通常减速器已经进行系列化、标准化设计和生产。

(1)减速器的类型机应用

减速器按传动零件不同,可分为齿轮减速器、蜗杆减速器和齿轮-蜗杆减速器等,如图1.47所示。

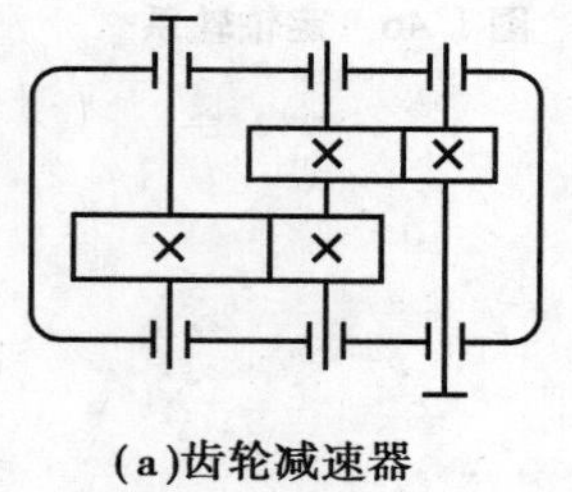

(a)齿轮减速器

(b)蜗杆减速器

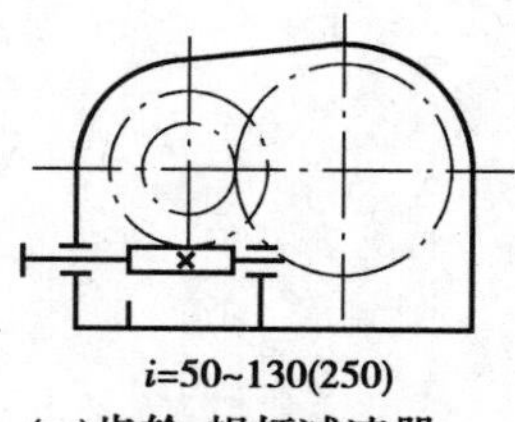

i=50~130(250)

(c)齿轮-蜗杆减速器

图 1.47 减速器的类型

1)齿轮减速器

齿轮减速器按减速齿轮的级数可分为单级、二级、三级减速器;按轴在空间的相互配置方式可分立式和卧式减速器。圆锥齿轮减速器和二级圆锥-圆柱齿轮减速器,用于需要输入轴与输出轴成90°配置的传动中。因大尺寸的圆锥齿轮较难精确制造,故圆锥-圆柱齿轮减速器的高速级总是采用圆锥齿轮以减小其尺寸,提高制造精度。齿轮减速器的特点是效率高、寿命长、维护简便,因而极为广泛。

2）蜗杆减速器

蜗杆减速器的特点是在外廓尺寸不大的情况下可获得很大的传动比，同时工作平稳，噪声较小，但缺点是传动效率较低。蜗杆减速器中，应用最广的是单级蜗杆减速器。一般尽可能选用下置蜗杆的结构，以便于解决润滑和冷却问题。

3）蜗杆-齿轮减速器

这种减速器通常将蜗杆传动作为高速级，因高数级时蜗杆的传动效率较高，故它适用的传动比范围为 50 ~ 130。

（2）减速器的结构

减速器主要由传动零件（齿轮或蜗杆）、轴、轴承、箱体及其附件所组成。如图 1.48 所示为单级圆柱齿轮减速器的结构图。其基本结构有 3 大部分：齿轮、轴及轴承组合；箱体；减速器附件。

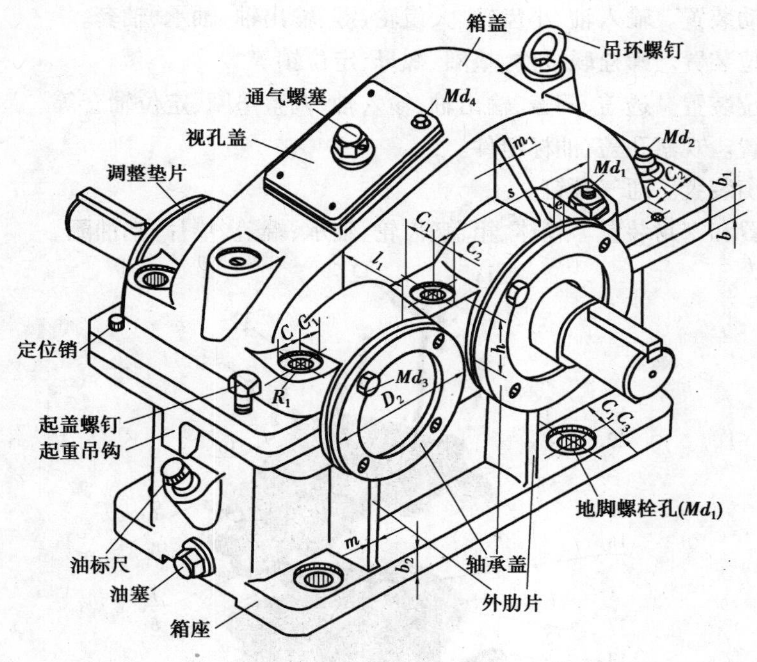

图 1.48　单级减速器的结构图

（3）减速器的标准

减速器在机械设备上的应用十分广泛。为了节约设计时间，生产周期和降低成本，我国已制订出减速器标准系列，如《圆柱齿轮减速器》（JB 1130—1970）、《圆弧圆柱齿轮减速器》（JB 1586—1975）、《ZQH 型圆弧圆柱齿轮减速器》（JB 1585—1975）、《NGW 型行星齿轮减速器》（JB 1799—1976）、《WD 型圆柱蜗杆减速器》（JB/ZQ 4390—1979）。

标准减速器中规定了主要尺寸，参数值（α, i, z, m, β 等）和适用条件。减速器的型号用字母组合表示，如：ZD 表示单级圆柱齿轮减速器，ZL 表示双级圆柱齿轮减速器，等等。

●任务小结

该任务讲述了轮系的基本概念和简单的传动比计算,以及减速器的工作原理。

①轮系在大多数机械传动中,将主动轴的较快转速变为从动轴的较慢转速,或者将主动轴的一种变速变换为从动轴的多种转速,或者改变从动轴的旋转方向。了解轮系的功用,掌握轮系的传动比计算。

②减速器装在原动机和工作机之间,用来降低转速和相应地增大转矩,熟悉减速器的结构,掌握其选用方法。

●知识拓展

减速器的主要组成部分如下(见图 1.49):

①减速传动装置。输入轴、小齿轮、大齿轮、键、输出轴、轴承、轴套。

②联接定位装置。螺栓联接件、垫圈、螺母、定位销等。

③轴向定位装置。透盖、闷盖、输出轴、输入轴、调整垫圈、定位轴套等。

④观察装置。观察孔盖、油标组件。

⑤通气平衡装置。通气螺钉。

⑥润滑装置和密封装置。箱体、箱盖、齿轮、轴承、端盖、垫片、挡油圈。

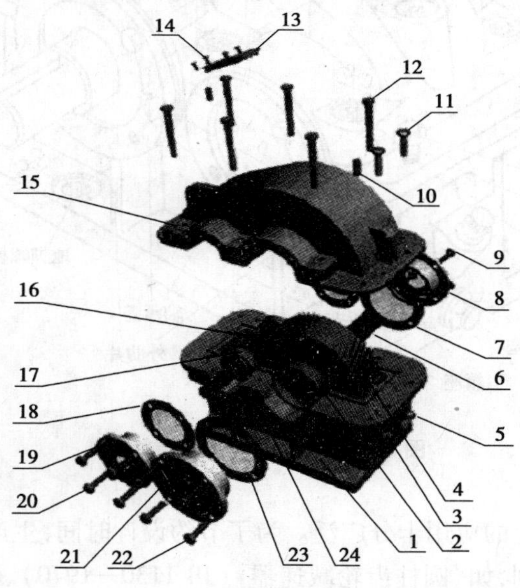

图 1.49 单级圆柱齿轮减速器

1—箱体;2,17—轴承;3—放油螺塞;4—齿轮;5—油标;6—轴;7,18,23—垫片;8—端盖;9,14,20,22—螺钉;10—定位销;11,12—螺栓;13—观察孔盖;15—箱盖;16—齿轮轴;19—端盖(透盖);21—端盖(闷盖);24—螺母

小阅读

世界之最

(1)中国古代最早的机械制造专家张衡

张衡(78—139),字平子,南阳西鄂(今河南南阳县石桥镇)人。他是我国东汉时期伟大的天文学家,浑天说的代表人物之一,他指出月球本身并不发光,月光其实是日光的反射;还正确解释了月食的成因,并且认识到宇宙的无限性和行星运动的快慢与距离地球远近的关系;创制了世界上第一架能比较准确地表演天象的漏水转浑天仪,第一架测试地震的仪器——候风地动仪,比外国人德拉·奥特弗耶于 1703 年设计出的第一台现代地震仪早 1571 年,为我国天文学的发展作出了不可磨灭的贡献。建光元年(公元 121 年),张衡转任公车司马令,总领天下征诏之事。他没有被繁杂的公务所淹没,举足走进物理学和机械制造学的领域,并取得了许多惊人的成就。他成了当时首屈一指的机械制造专家,被人呼为"木圣",所造器物之精妙,无与伦比。他运用差动齿轮原理,造出了指南车和自动记里鼓车。他还精心制造出一只木鸟,"假以羽翮,腹中施机,能飞数里",这简直是当时世上绝无仅有的一架木制"飞机"! 在数学、地理、绘画、文学等方面,张衡也表现出了非凡的才能和广博的学识,著有科学、哲学和文学著作 32 篇。其中,天文著作有《灵宪》和《灵宪图》等。

(2)传动带

公元前 15 世纪,中国人发明了传动带。欧洲人用传动带是在 1430 年,比中国晚了1 400 多年。

(3)链式传动装置

中国人于公元 976 年发明了链式传动装置——链式传动带;欧洲人到 1770 年才开始使用链式传动带,比中国晚了 800 年左右。

●思考与练习

一、填空题

1. 带传动是依靠传动带与带轮接触面之间的____________来传递运动和动力的。

2. V 带的工作面为________。常用 V 带的主要类型有__________、__________、宽 V 带及__________等。

3. 链传动是由具有特殊齿形的________和一条闭合的________组成。它是通过链轮的________与链条的__________啮合来传递运动的动力。它能保证准确的________传动比。

4. 齿轮传动是利用两个齿轮轮齿间的____________,来传递运动和动力,它能保证准确的____________传动比。

5. 对齿轮传动的基本要求是:______________;______________。

6. 渐开线齿廓上某点的压力角是指该点的________与________之间所夹锐角。

7. 渐开线上各点的压力角不相等，越远离基圆，压力角________；越靠近基圆，压力角________；基圆上的压力角等于________。

8. 压力角标准值为________。压力角的大小对齿形有直接影响，压力角减小，齿顶________，齿根________，轮齿承载能力________；压力角增大，齿顶________，齿根________，轮齿承载能力________，但传动较费力。

9. 直齿圆柱齿轮的主要参数是________、________和________。

10. 对于相同齿数的齿轮，模数越大，则轮齿尺寸________，承载能力________。

11. 内齿轮的轮齿形状与相应的外齿轮的________形状相同。

12. 标准斜齿圆柱齿轮是以________模数为标准值，其正确啮合条件是：两齿轮的________和________必须分别对应相等，螺旋角必须大小________、旋向________。

13. 标准直齿圆锥齿轮是以________模数为标准值，其正确啮合条件是：两齿轮的________和________必须分别对应相等。

14. 齿轮齿条传动，可实现________运动和________运动相互之间的转换。

15. 蜗杆传动常用于传递________轴之间的运动和动力，一般两轴交错成________度，通常________为主动件。

16. 由一系列相互啮合的齿轮组成的传动系统称为________。

17. 定轴轮系________转速与________转速之比，称为轮系的传动比。它等于该轮系的所有________轮齿数连乘积与所有________轮齿数连乘积________。

18. 根据轮系中各轮轴线在空间的相对位置是否固定，轮系可分为________和________两类。

19. 在定轴轮系中，一对外啮合圆柱齿轮的旋转方向________，一对内啮合圆柱齿轮的旋转方向________。

20. 减速器又称减速机，是一种用来改变________和________之间转速、转矩及轴线位置的独立传动装置。

21. 减速器按传动零件不同，可分为________、________和________等。

二、选择题

1. V 带传动使用张紧轮时，张紧轮应安装在松边的(　　)侧，并靠近(　　)处。

A. 外　　B. 内　　C. 大带轮　　D. 小带轮　　E. 两轮中间

2. 平带传动使用张紧轮时，张紧轮安装在松边的(　　)侧，并靠近(　　)处。

A. 外　　B. 内　　C. 大带轮　　D. 小带轮　　E. 两轮之间

3. 一般机械传动中用来传递运动和动力的链是(　　)。

A. 曳引链　　B. 传动链　　C. 输送链

4. 标准渐开线齿轮分度圆以外的齿廓压力角(　　)。

A. $>20°$　B. $=20°$　C. $<20°$

5. 渐开线齿轮齿距 p 与模数 m 的关系为(　　)。

A. $m=p\pi$　B. $p=m\pi$　C. $\pi=pm$

6. 当两轴相距较远,且要求传动比准确,应采用(　　)。

A. 带传动　B. 齿轮传动　C. 轮系传动

7. 定轴轮系的传动比大小与轮系中惰轮的齿数(　　)。

A. 有关　B. 无关　C. 成正比　D. 成反比

8. 轮系中使用惰轮的目的是(　　)。

A. 改变从动轮旋转方向　B. 改变传动比

C. 既改变旋转方向又改变传动比

9. 当相交90°的两轴需要传递运动时,可采用(　　)传动。

A. 惰轮　B. 锥齿轮　C. 滑移齿轮

三、判断题

1. V 带传动是槽面摩擦,在相同条件下其传动能力大于平带传动。(　　)

2. 分度圆上齿厚和槽宽相等的齿轮称为标准齿轮。(　　)

3. 齿轮的齿顶圆直径大于齿根圆直径。(　　)

4. 模数 m 是决定齿轮轮齿大小的重要参数,模数越大,齿轮的承载能力越强。(　　)

5. 锥齿轮几何尺寸的计算应以大端到小端的中间值为准。(　　)

6. 标准齿条靠近齿顶线处齿廓的压力角大于中线处齿廓的压力角。(　　)

7. 渐开线齿轮靠近齿顶圆处齿廓的压力角大于分度圆处齿廓的压力角。(　　)

8. 轮系传动和摩擦轮传动一样易于实现无级变速。(　　)

9. 轮系传动可获得较大传动比,满足低速要求。(　　)

10. 内啮合圆柱齿轮传动只能改变从动轴转速,不能改变从动轴旋转方向。(　　)

11. 定轴轮系总传动比等于各级传动比的连乘积。(　　)

12. 加奇数个惰轮,从动轮与主动轮的旋转方向相反。(　　)

四、计算题

1. 已知某平带传动,主动轮直径 $D_1=800$ mm,转速 $n_1=1\ 450$ r/min,要求从动轮转速 n_2 为 290 r/min。试求传动比 i_{12} 和从动轮直径 D_2 的大小。

2. 有一齿轮传动,主动轮齿数 $z_1=20$,从动轮齿数 $z_2=50$,主动轮转速 $n_1=800$ r/min,求传动比 i_{12} 和从动轮转速 n_2。

3. 一标准直齿圆柱齿轮,已知齿数 $z=50$,齿高 $h=22.5$ mm,求该齿轮的分度圆直径 d 和齿顶圆直径 d_a。

4. 一对外啮合标准直齿圆柱齿轮传动,已知齿距 $p=12.56$ mm,中心距 $a=160$ mm,传动比 $i_{12}=3$,试求两齿轮模数 m 和齿数 z_1,z_2。

5. 一对外啮合标准直齿圆柱齿轮传动,已知 $z_1=48$,$d_{a1}=150$ mm,$a=126$ mm,试求另一

齿轮的模数 m 和齿数 z_2。

6. 现有两个标准直齿圆柱齿轮，测得 $z_1=21$，$d_{f1}=92.55$ mm，$h_2=11.5$ mm，试判断此两轮能否正确啮合。

7. 已知一标准直齿圆柱齿轮，其传动比 $i_{12}=3.5$，模数 $m=4$ mm，两齿轮齿数之和为99。求两齿轮分度圆直径和传动中心距。

8. 在齿轮齿条传动中，已知齿轮的转速 $n=50$ r/min，齿数 $z=20$，模数 $m=2$ mm，试求齿条的移动速度。

9. 如图1.50所示为电动机直接驱动的单级蜗杆减速绞车。若 $z_1=2$，$z_2=120$，$n_1=1\,200$ r/min，卷筒直径 $D=200$ mm，试求重物的升降速度。电动机按图示方向转动时，试判断重物的运动方向。

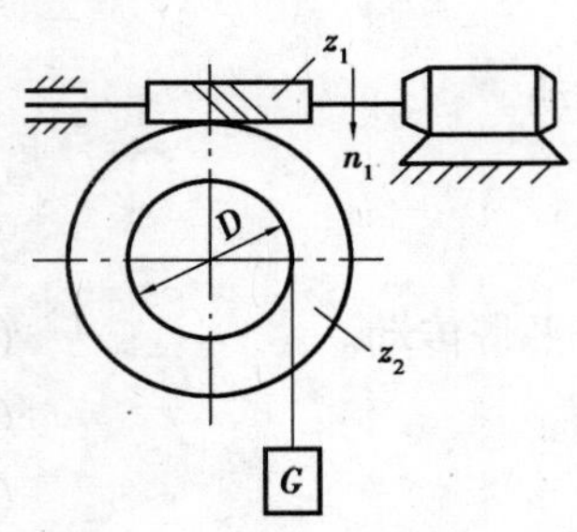

图1.50　单级蜗杆减速绞车

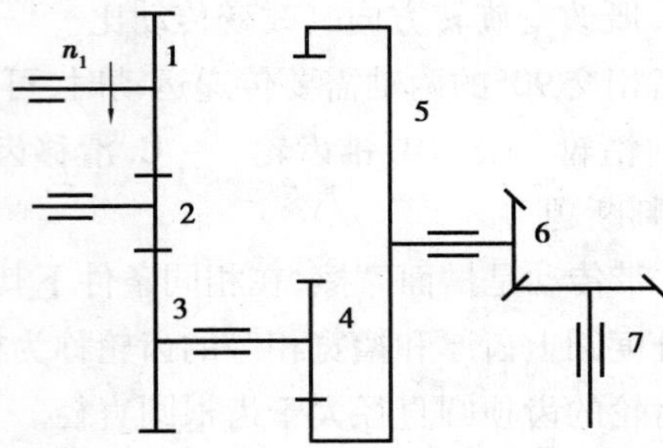

图1.51　轮系

10. 如图1.51所示的轮系，已知：$z_1=30$，$z_2=20$，$z_3=45$，$z_4=18$，$z_5=72$，$z_6=25$，$z_7=50$，$n_1=720$ r/min，求轮系传比 i_{17} 和末轮系速 n_7，并用箭头在图上标明各齿轮的旋转方向。

11. 如图1.52所示的轮系，完成下列计算：

(1)求齿条向左移动的速度。

(2)求齿条向右移动的速度。

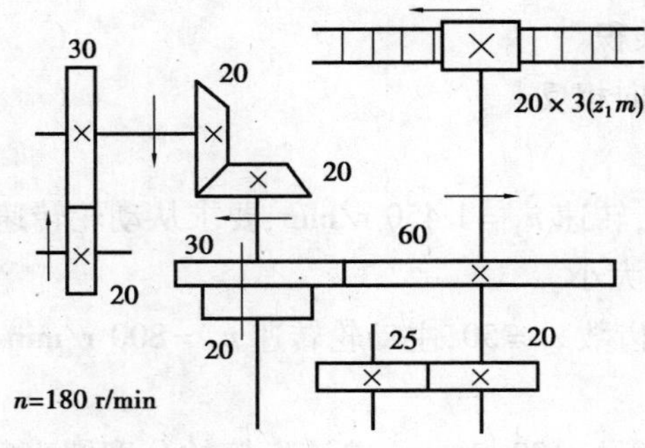

图1.52　轮系

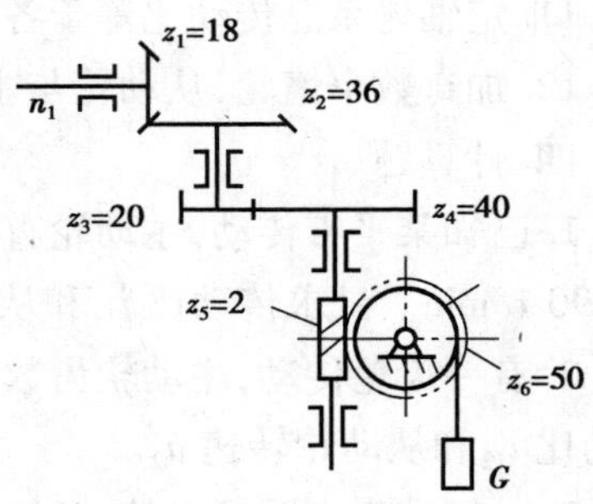

图1.53　卷扬机传动图

12. 如图1.53所示为某卷扬机传动图，试求：

(1)重物 G 下降时，在图上标出各轮的转向。

(2)鼓轮直径 $D=200$ mm，当重物 G 的移动距离 $L=1\,570$ mm 时，求 z_1 转过多少转。

13. 如图 1.54 所示为某起重设备传动图，试求：

(1)重物 G 的升降速度。

(2)标出重物 G 上升时，电动机的转动方向。

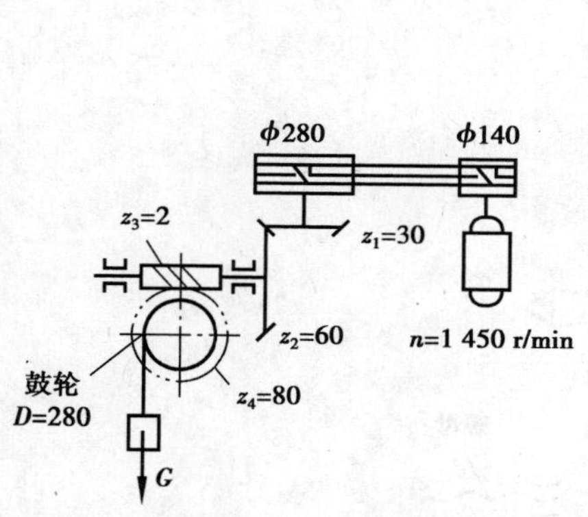

图 1.54　起重设备传动图

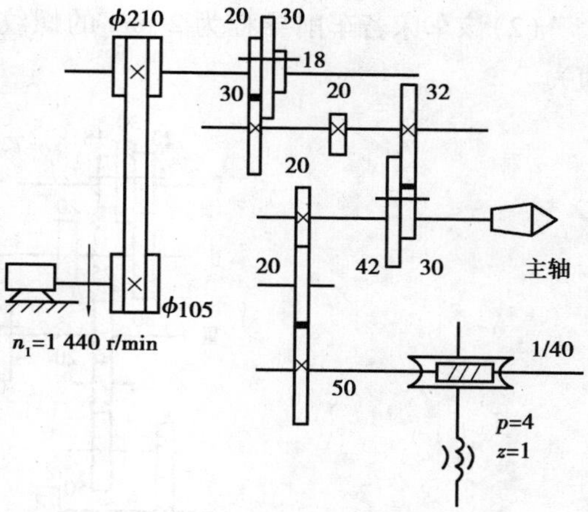

图 1.55　轮系

14. 如图 1.55 所示的轮系，试分析计算：

(1)主轴有几种转速？

(2)主轴的最高转速 n_{max} 和最低转速 n_{min} 为多少？

*(3)图示位置螺母的移动速度 v 为多少？

(4)标出螺母的移动方向。

15. 如图 1.56 所示的轮系，试分析计算：

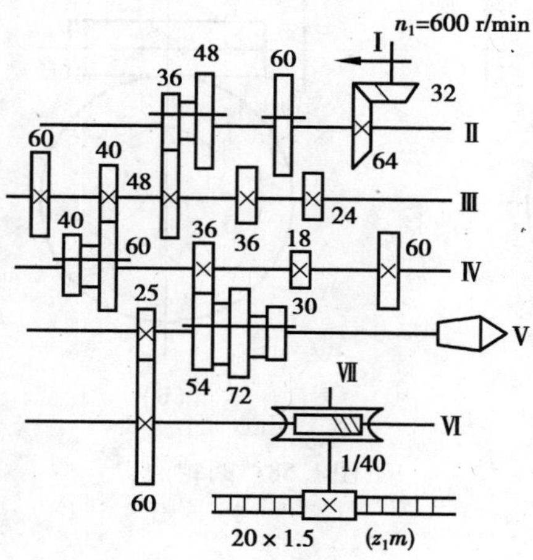

图 1.56　轮系

(1)主轴有几种转速？

(2)主轴的最高转速 n_{max} 和最低转速 n_{min} 为多少？

*(3)主轴转一转齿条移动距离 L 为多少？

(4)标出齿条的移动方向。

16. 如图 1.57 所示为简易车床传动系统。试求：

(1)主轴的最高转速 n_{max} 和最低转速 n_{min}。

*(2)该车床若车削导程为 2 mm 的螺纹件，试导出进给挂轮公式(即求 $b/a \times d/c$ 的比值)。

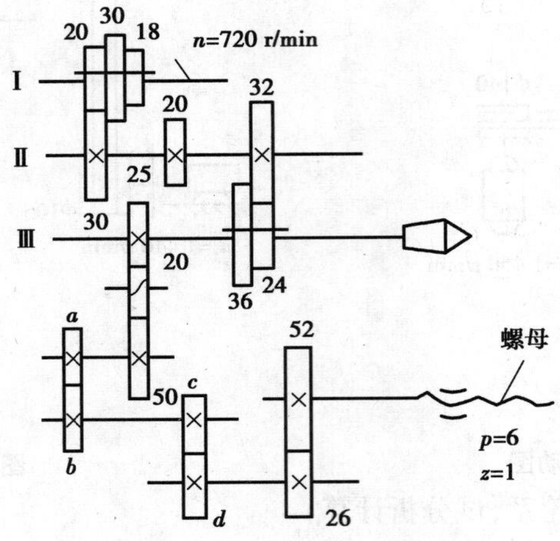

图 1.57　简易车床传动系统

五、作图题

用弧形箭头或直箭头标明如图 1.58 所示蜗轮的转向；用 3 根斜线标明两图中蜗杆或蜗轮的旋向。

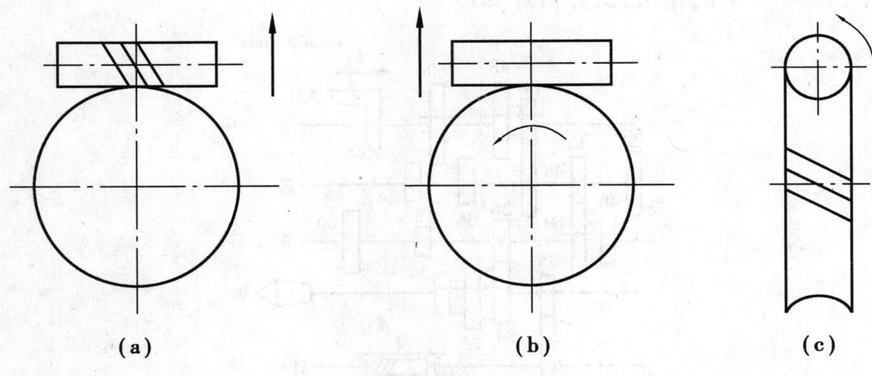

图 1.58　蜗轮

第 2 单元

机构部分

●单元概述

本单元主要介绍平面运动副的分类、结构及运动简图绘制；铰链四杆机构的基本类型、特点、性质和应用；凸轮机构、棘轮机构、槽轮机构的组成、特点、分类及应用等相关知识。

●能力目标

了解平面运动副的分类、结构及符号，能测绘平面机构的运动简图；熟悉平面四杆机构的基本类型、特点和应用，能判定铰链四杆机构的类型，了解平面四杆机构的急回特性和死点位置；了解凸轮机构、棘轮机构、槽轮机构的组成、特点、分类及应用；了解凸轮机构从动件的等速运动规律和位移曲线的绘制方法。

任务 2.1　运动副和运动简图

学习任务

1. 了解平面运动副的分类、结构及符号。
2. 能测绘平面机构的运动简图。

知识学习

运动副是机构的组成要素之一。根据机构的不同功能要求,其组成的构件或零件间常见的运动形式有转动、移动等;同时,为了方便分析运动关系,通常按相关要求绘制运动简图。

2.1.1　运动副

(1)运动副的概念

机构最主要的特征就是构件间具有确定的相对运动,为此,组成机构中直接接触的两构件间既存在某些相对运动,又限制了某些相对运动。在图 2.1 内燃机结构图中,活塞 1 相对于机架 4 只能作上下往复移动,就限制了前后移动和转动。这种由两构件直接接触而又能产生一定相对运动的可动联接,则称为运动副。若构成运动副的两构件间相对运动为平面运动的,称为平面运动副;两构件间相对运动为空间运动的,称为空间运动副。本书中主要介绍平面运动副。

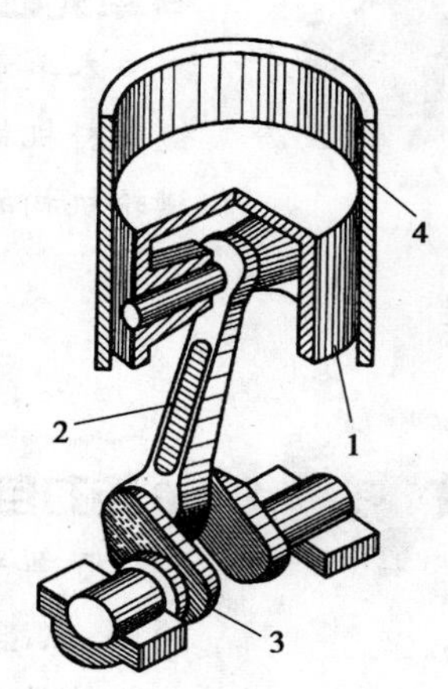

图 2.1　内燃机结构图
1—活塞;2—连杆;
3—曲柄;4—机架

(2)平面运动副的分类

两构件只能在同一平面内作相对运动的运动副,称为平面运动副。同时,构成平面运动副的两构件直接参与接触的点、线、面,称为运动副元素。根据运动副元素的不同,平面副又分为平面高副(简称高副)和平面低副(简称低副)。

1)低副

直接接触的两构件若以面接触的形式组成的运动副则称为低副,常见的低副有转动副和移动副等,如图 2.2 所示。

2)高副

直接接触的两构件若以点、线接触的形式组成的运动副,称为高副。常见的高副有齿轮副和凸轮副等,如图 2.3 所示。

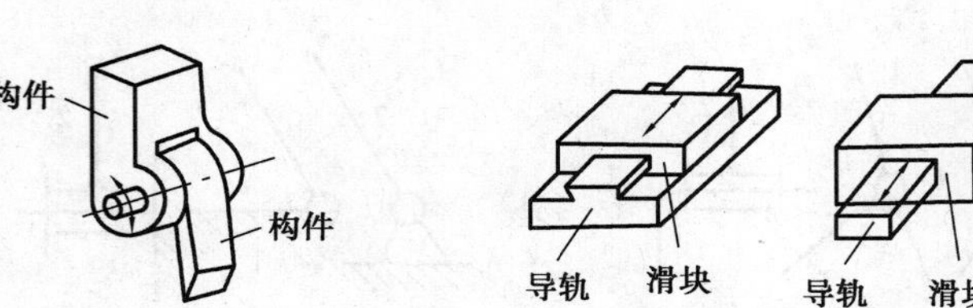

(a)转动副　　(b)移动副

图 2.2　低副

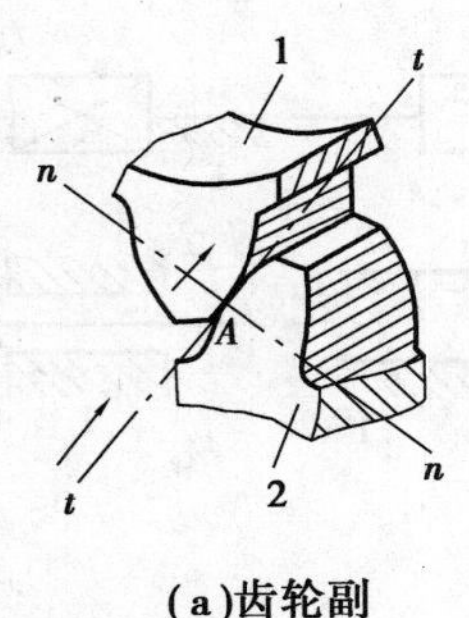

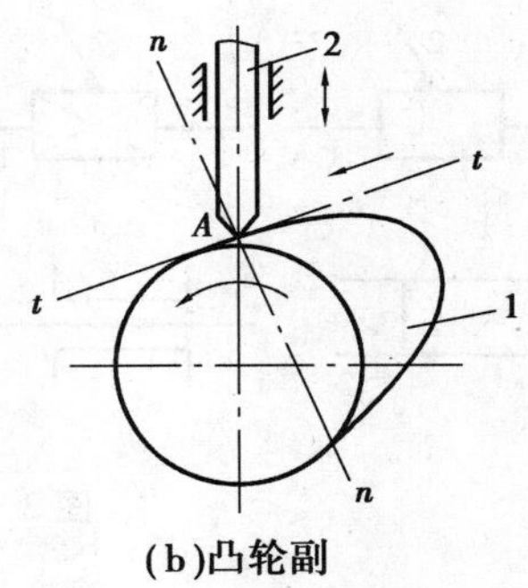

(a)齿轮副　　(b)凸轮副

图 2.3　高副

想一想

1. 在外载相同的情况下,高副和低副单位面积受力哪个大? 磨损哪个快? 工作效率哪个高?

2. 如图 2.1 所示的内燃机结构示意图,活塞 1 与机架 4 组成__________副;连杆 2 与曲柄 3 组成__________副;活塞 1 与连杆 2 组成__________副。

2.1.2　平面机构的运动简图

(1)机构运动简图的概念

平面机构的实际结构往往都比较复杂,为了便于对平面机构进行运动特性分析,通常采用一些简单的线条和特定的符号代替原构件和运动副,并按一定比例表示各运动副的相对位置尺寸。这种能准确表达机构运动关系的简图,称为机构运动简图。同时,因为机构是不停运动的,各构件和运动副间的相对位置也在不停的改变,因此,运动简图只能反映某一瞬时各构件和运动副间的位置关系。

(2)机构简图符号

①转动副简图符号,如图 2.4 所示。

②移动副简图符号,如图 2.5 所示。

③凸轮副简图符号,如图 2.6 所示。

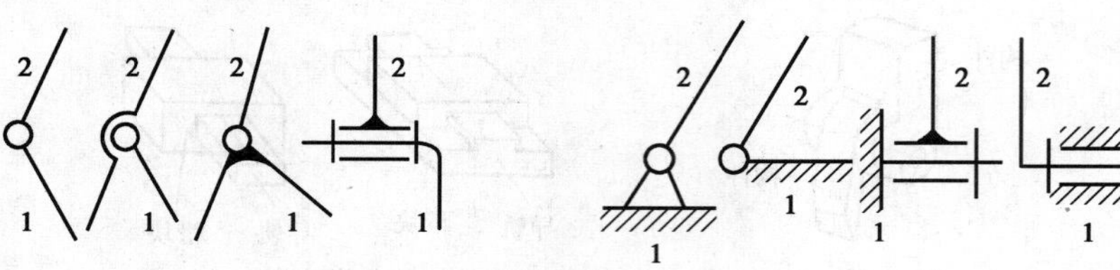

图 2.4　转动副简图符号

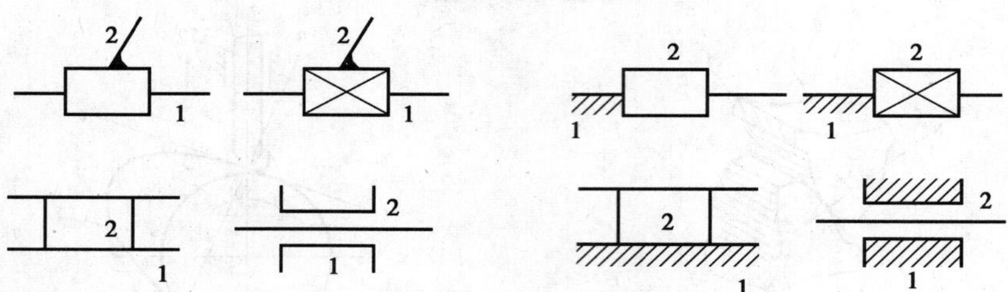

图 2.5　移动副简图符号

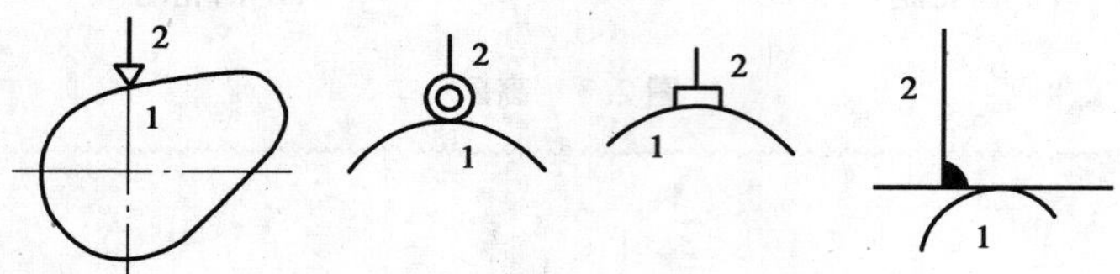

图 2.6　凸轮副简图符号

④齿轮副简图符号，如图 2.7 所示。

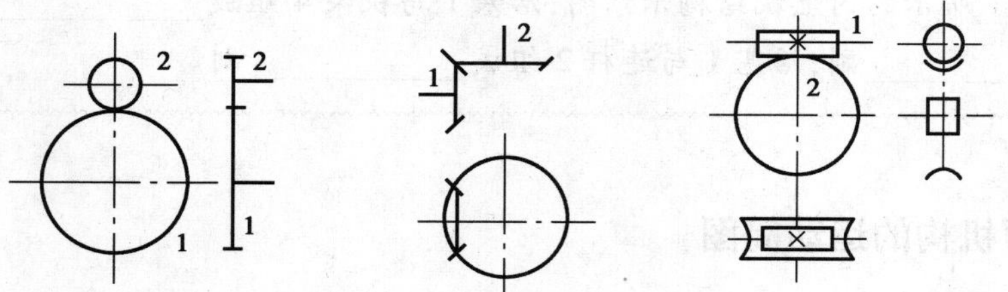

图 2.7　齿轮副简图符号

(3)机构中构件的分类与表示方法

组成机构的构件可分为以下 3 个部分：

1)机架

机架是指机构中固定不动的、起支承可动构件作用的构件，如图 2.8 中的构件 4。

2)主动件

主动件是指机构中有驱动力或驱动力矩作用的构件，如图 2.8 中的构件 1。

3)从动件

从动件是指除主动件以外的其余可动件，如图 2.8 中的构件 3。

(4)平面机构运动简图的绘制步骤

以图2.1内燃机结构图为例,讲述平面机构运动简图的绘制方法。

第1步:分析机构,观察各构件间相对运动,确定机架、原动件和从动件。

第2步:确定构件和运动副的类型、数目。

第3步:选择能充分反应机构运动特性的视图平面。

第4步:确定适当比例。

第5步:从原动件开始,按比例确定各运动副的相对位置并用规定的符号绘制其运动简图;同时,在机架上加注倾斜线,在原动件上加注转动箭头,按传动路线给各构件依次标上序号1,2,3,…,给各运动副标注A,B,C,…。如图2.8所示为内燃机的运动简图。

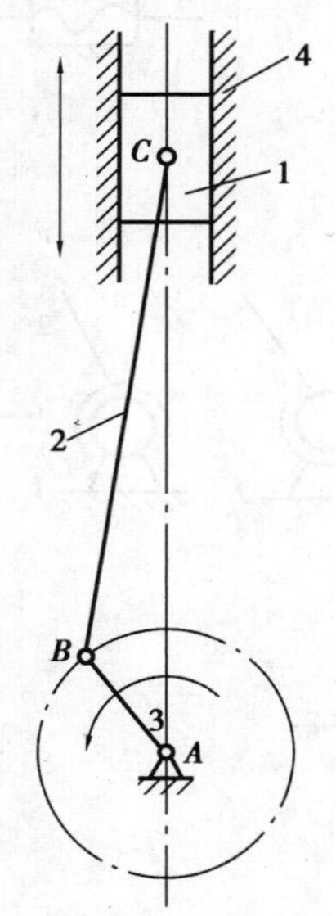

图2.8　内燃机运动简图

1—活塞;2—连杆;3—曲柄;4—机架

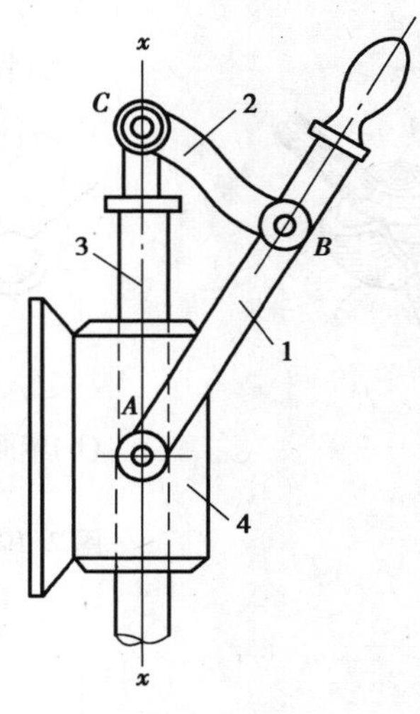

图2.9　抽水唧筒

请在如图2.9所示抽水唧筒的右边绘制运动简图。

●任务小结

该任务讲述了平面运动副的基本概念和运动简图的绘制方法。

①运动副是两构件间直接接触组成的可动联接。若同一平面内运动的两构件为点、线接触则称为平面高副,常见的平面高副有齿轮副、凸轮副等;若两构件间为面接触则称为平面低副,常见的平面低副有移动副、转动副等。

②运动简图是按规定用一些简单的图线、符号来表示机构各构件间的瞬时运动关系,目

的是便于分析其运动特性，虽与实际机构的结构形状无关，但与原机构具有完全相同的运动特性。

知识拓展

运动副除了前面讲述的平面运动副外，还有空间运动副，即组成运动副的两构件是在空间运动的。常见的空间运动副有螺旋副、球面副和球销副等，如图 2. 10 所示。

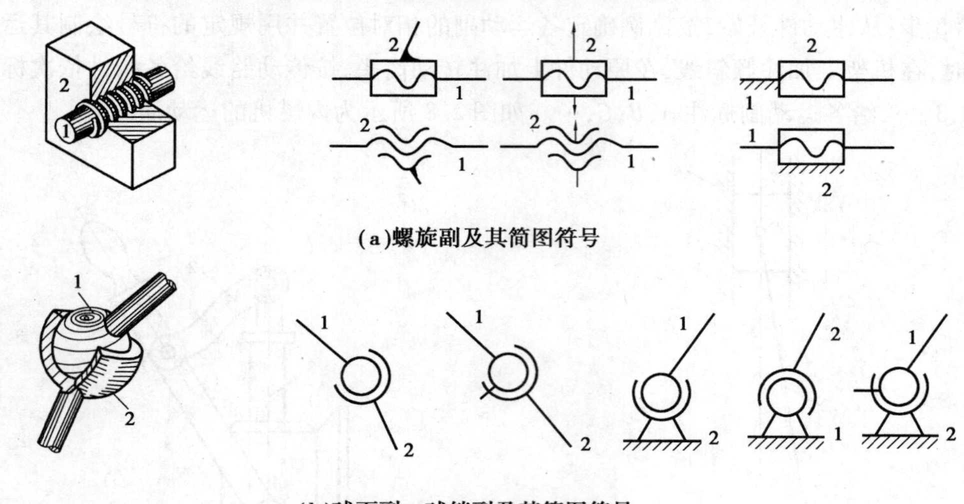

(a)螺旋副及其简图符号

(b)球面副、球销副及其简图符号

图 2. 10　常见空间运动副及简图符号

任务 2. 2　铰链四杆机构的组成及类型

学习任务

1. 了解四杆机构的组成、基本类型、特点和应用。
2. 能判定铰链四杆机构的类型。

知识学习

铰链四杆机构是将四根杆件用转动副形式联接起来的改变运动形式或传递力的机构；通常改变 4 根杆件的长度或改变机架，可获得不同形式的四杆机构；每一种形式的四杆机构通过改变主动构件，就会有不同的运动特性。

2.2.1　铰链四杆机构的组成

用铰链将 4 根杆件以转动低副的形式联接起来的机构，称为铰链四杆机构。其 4 根杆件都在同一平面内运动，属于平面四杆机构，如图 2.11 所示。

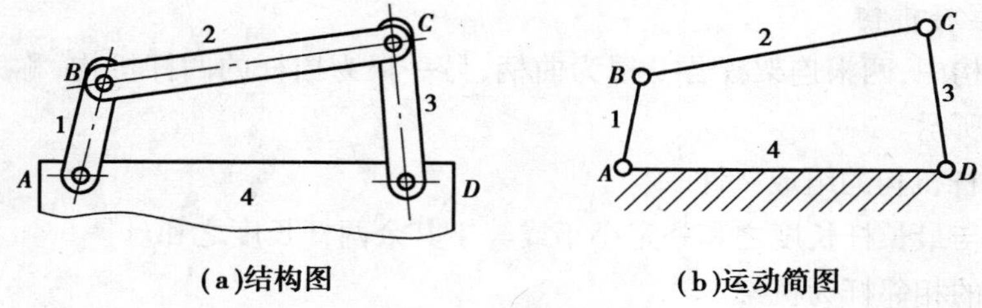

(a)结构图　　(b)运动简图

图 2.11　铰链四杆机构

1—连架杆；2—连杆；3—连架杆；4—机架

(1)四杆机构中各杆件的名称

1)机架

机架是指固定不动的构件(通常注有倾斜线)，如图 2.11(b)中的构件 4。

2)连杆

连杆是指与机架没有直接联接关系的构件，如图 2.11(b)中的构件 2。

3)连架杆

连架杆是指用来联接机架和连杆的构件，如图 2.11(b)中的构件 1，3。

(2)连架杆的分类

根据连架杆的运动形式，两根连架杆可分为以下两类：

1)曲柄

曲柄是指能够做整周转动的连架杆，如图 2.12 所示的 *AB* 杆件。

2)摇杆

摇杆是指只能在一定角度内往复摆动的连架杆，如图 2.12 所示的 *CD* 杆件。

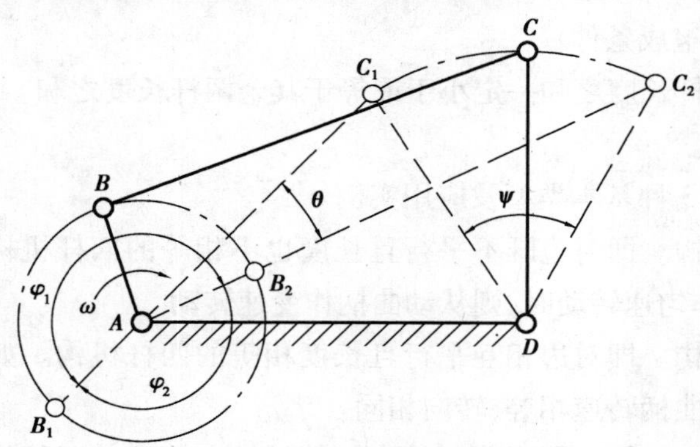

图 2.12　曲柄摇杆机构

2.2.2 铰链四杆机构的基本类型

根据铰链四杆机构中曲柄存在与否，曲柄和摇杆存在的数量以及各杆长度之间的关系，四杆机构分为 3 种基本类型：曲柄摇杆机构、双曲柄机构、双摇杆机构。

(1) 曲柄摇杆机构

在四杆机构中，两根连架杆若一根为曲柄，另一根为摇杆的四杆机构，称为曲柄摇杆机构，如图 2.12 所示。

1) 曲柄摇杆机构的组成条件

①最短杆与最长杆长度之和一定小于或等于其余两杆长度之和。

②最短杆的相邻杆为机架。

2) 曲柄摇杆机构常见的运动特征及应用实例

①如图 2.13(a) 所示卫星接收机构，当以曲柄 *AB* 为主动件作匀速转动时，则从动摇杆 *CD* 作变速往复摆动；

②如图 2.13(b) 所示缝纫机踏板机构，当以摇杆 *CD* 为主动件作往复摆动时，则从动曲柄 *AB* 作回转运动。

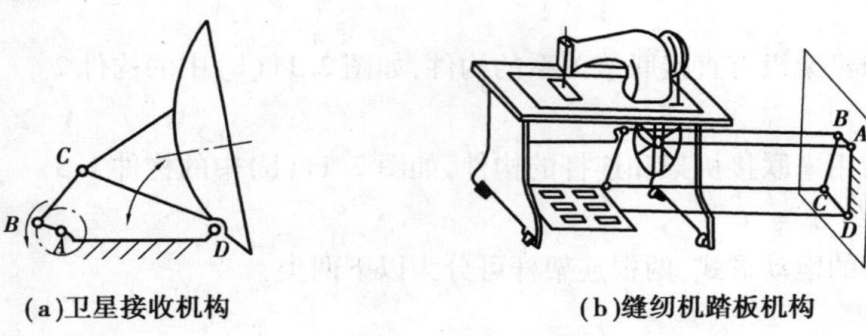

(a) 卫星接收机构　　(b) 缝纫机踏板机构

图 2.13　曲柄摇杆机构的应用

(2) 双曲柄机构

在四杆机构中，若两根连架杆都是曲柄的四杆机构，称为双曲柄机构，如图 2.14 所示。

1) 双曲柄机构的组成条件

①最短杆与最长杆长度之和一定小于或等于其余两杆长度之和。

②最短杆为机架。

2) 双曲柄机构的 3 种基本类型及应用实例

①任意双曲柄机构。即对边既不平行且长度也不相等的四杆机构。如图 2.15 所示的惯性筛，当主动曲柄作匀速转动时，则从动曲柄作变速转动。

②平行双曲柄机构。即对边相互平行且长度相等的四杆机构。如图 2.16 所示的火车联动车轮，其主、从动曲柄转速相等，转向相同。

③反向平行双曲柄机构。即两曲柄长度相等且转向相反的四杆机构。如图 2.17 所示的汽车车门的启闭机构，其主动曲柄匀速转动，从动曲柄变速转动且转向相反。

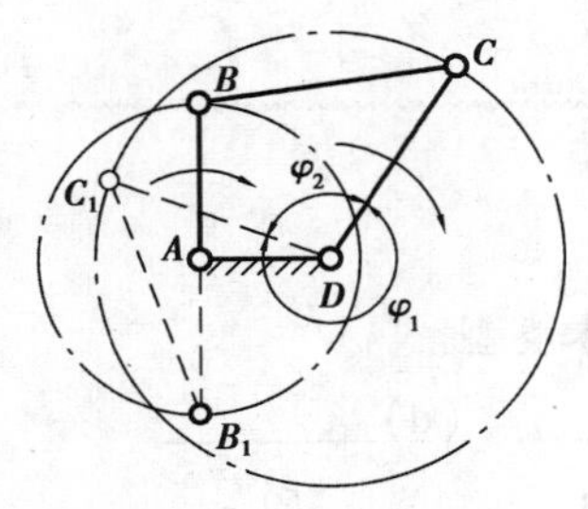

图 2.14　双曲柄机构

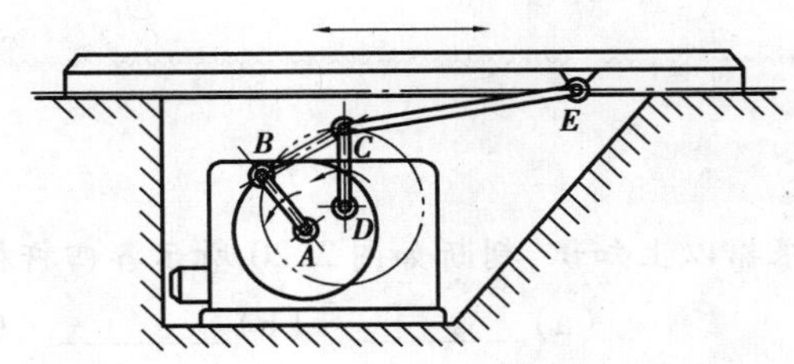

图 2.15　惯性筛

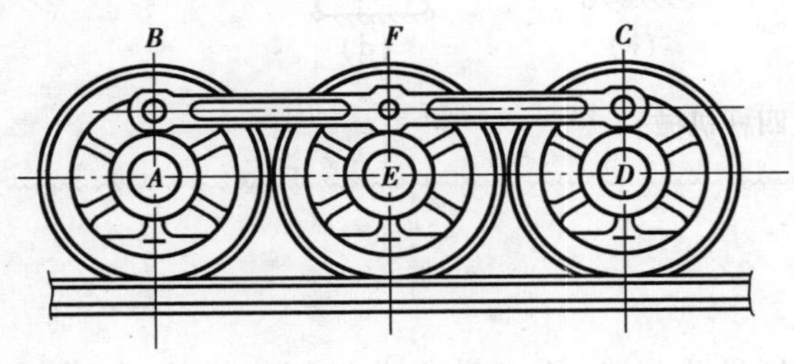

图 2.16　火车联动车轮

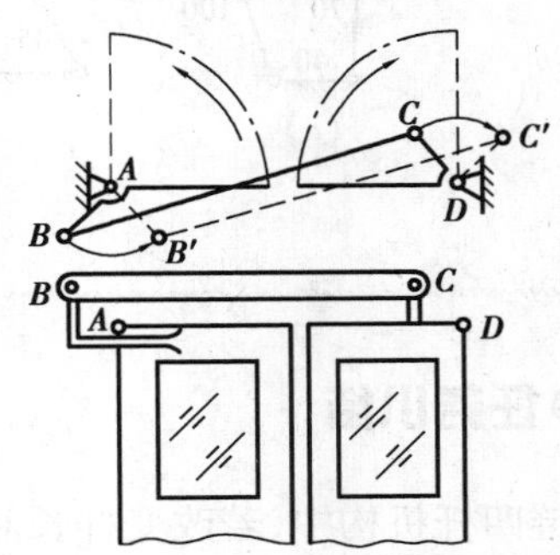

图 2.17　汽车车门的启闭机构

(3) 双摇杆机构

在四杆机构中，两根连架杆都是摇杆的四杆机构，称为双摇杆机构，如图 2.18 所示。

1) 双摇杆机构的组成条件

①条件一：

a. 最短杆与最长杆长度之和一定小于或等于其余两杆长度之和。

b. 最短杆之相对杆为机架。

②条件二：

a. 最短杆与最长杆长度之和大于其余两杆长度之和。

b. 任意杆为机架。

2) 双摇杆机构常见的运动特征及应用实例

两摇杆均以不同的速度在一定的角度范围内作往复摆动，如图 2.19 鹤式起重机构等。

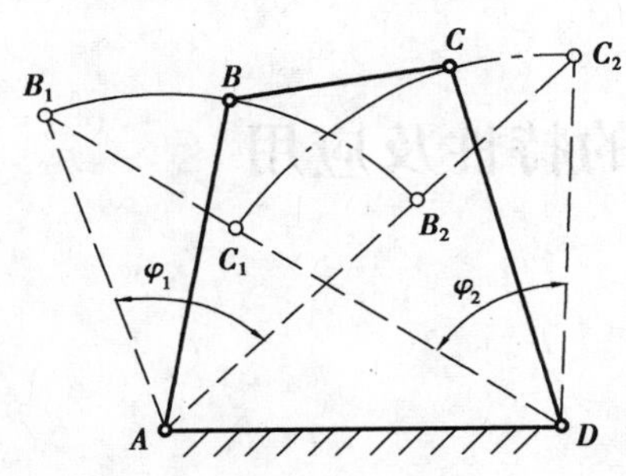

图 2.18　双摇杆机

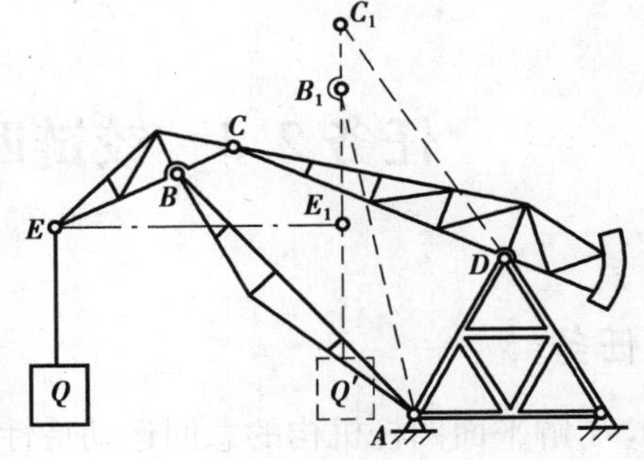

图 2.19　鹤式起重机

根据以上知识，判断如图 2.20 所示各四杆机构的基本类型。

(a)________ (b)________ (c)________ (d)________

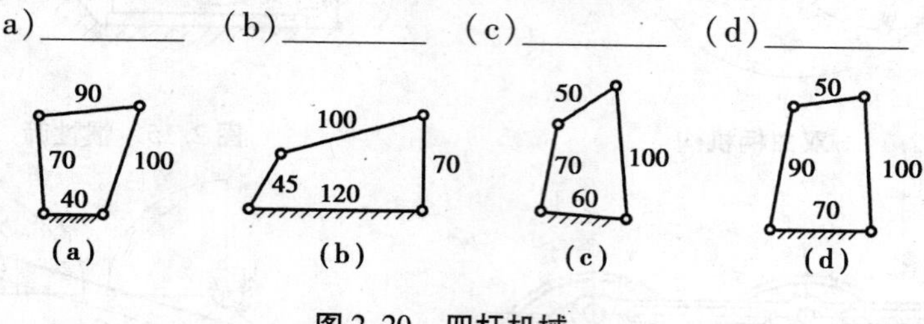

图 2.20 四杆机械

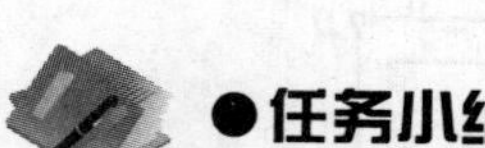

●任务小结

在铰链四杆机构中，若改变杆长和取不同杆件为机架，即可获得曲柄摇杆机构、双曲柄机和双摇杆机构，这些机构可用表 2.1 中的条件加以判别。

表 2.1 铰链四杆机构基本类型的判别

条件(1)	$a+d\leqslant b+c$			$a+d>b+c$
条件(2)	最短杆邻杆为机架	最短杆为机架	最短杆对杆为机架	任意杆为机架
基本类型	曲柄摇杆机构	双曲机构	双摇杆机构	双摇杆机构
简图				

注：a—最短杆长度；b、c—其余两杆长度；d—最长杆长度。

任务 2.3 铰链四杆机构的特性及应用

学习任务

1. 了解平面四杆机构的急回运动特性和死点位置。
2. 了解含有一个移动副的四杆机构的特点和应用。

知识学习

2.3.1　铰链四杆机构的运动特性分析

(1)急回特性分析

以图 2.21 曲柄摇杆机构为例,设曲柄 AB 为主动件,沿顺时针方向以等角速度 ω 作回转运动,从与连杆 BC 重叠的 AB_1 位置转到与连杆 BC 共线的 AB_2 位置时,摇杆 CD 则只能在左极限位置 C_1D 与右极限位置 C_2D 之间的夹角 ψ 范围内往复摆动。此时,摇杆 CD 的左极限位置 C_1D 与右极限位置 C_2D 之间的夹角称为摇杆的最大摆角;曲柄 AB_1 与 AB_2 之间的夹角 θ 称为曲柄的极位夹角。将出现以下两种极限运动情况:

①当曲柄 AB 以等角速度 ω 从 AB_1 转到 AB_2 时,转过夹角 $\varphi_1 = 180° + \theta$,所需时间为 t_1。此时,摇杆 CD 从 C_1D 转到 C_2D,转过夹角 ψ,所需时间也是 t_1,则摇杆 CD 转过的平均速度 v_1。

②当曲柄 AB 以等角速度 ω 从 AB_2 转到时 AB_1,转过夹角 $\varphi_2 = 180° - \theta$,所需时间为 t_2。此时,摇杆 CD 从 C_2D 转到 C_1D,转过相同夹角 ψ,所需时间是 t_2,则摇杆 CD 转过的平均速度 v_2。

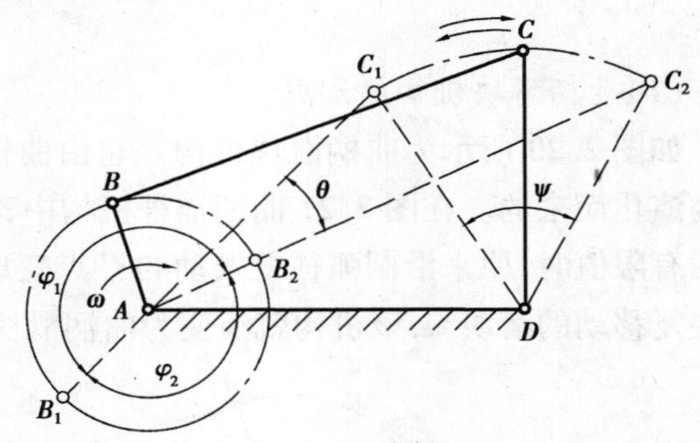

图 2.21　曲柄摇杆机构

通过以上分析可得 $t_1 > t_2$,故 $v_1 < v_2$,即曲柄 AB 以等角速度 ω 转动,摇杆往复摆动的平均速度是不等的。为了提高机器的工作效率,规定将摇杆摆动速度慢的行程作为工作行程,摇杆摆动速度快的行程作为空回行程。曲柄摇杆机构的这种空回行程的速度快,工作行程的速度慢的运动特性称为急回特性。

急回特性用行程速比系数 K 来表示,即

$$K = \frac{\text{从动件空回行程平均速度}}{\text{从动件工作行程平均速度}} = \frac{v_2}{v_1} = \frac{t_1}{t_2} = \frac{\varphi_1}{\varphi_2} = \frac{180° + \theta}{180° - \theta}$$

若 $K > 1$,说明机构具有急回特性;若 $K \leqslant 1$,说明机构就没有急回特性。

根据以上公式可知,机构急回特性明显与否,与____________有关。

(2)死点状态分析

以图 2.22 钻床夹紧机构为例,设摇杆 CD 为主动件,当摇杆转到两极限位置 C_1D 和 C_2D

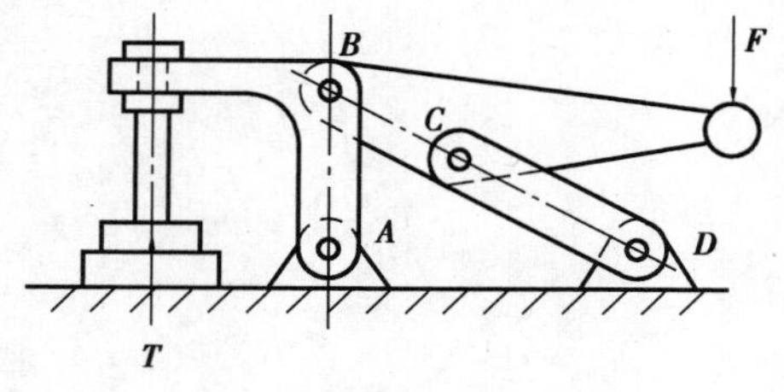

图 2.22 钻床夹紧机构

时，即曲柄与连杆共线和重叠。此时，主动摇杆 CD 通过连杆 BC 施加给从动曲柄 AB 的力通过了铰链转动中心 A，从而使驱动力对从动曲柄 AB 的回转力矩为零，使得机构出现转不动或运动不确定现象。机构的这种运动状态，称为死点状态。双摇杆机构的摇杆处于极限位置时，也会出现死点状态。

为了使机构连续工作，克服死点的办法如下：

①安装飞轮，增大转动惯量克服死点，如图 2.13(b)所示的缝纫机踏板机构。

②采取两组机构错位排列克服死点，如图 2.16 所示的火车车轮联动装置。

2.3.2 含有一个移动副的四杆机构的特点和应用

(1) 曲柄滑块机构的形成

如图 2.23 所示为曲柄滑块机构。它由曲柄、连杆、滑块及机架组成。它是由曲柄摇杆机构演化而来的。在图 2.21 曲柄摇杆机构中，当摇杆 CD 的长度无限延长，连杆 BC 的长度又为有限值时，原来沿圆弧往复摆动的 C 点变成沿直线的往复移动，摇杆 CD 就演变为沿导轨往复移动的滑块 C，该机构就演变为曲柄滑块机构。

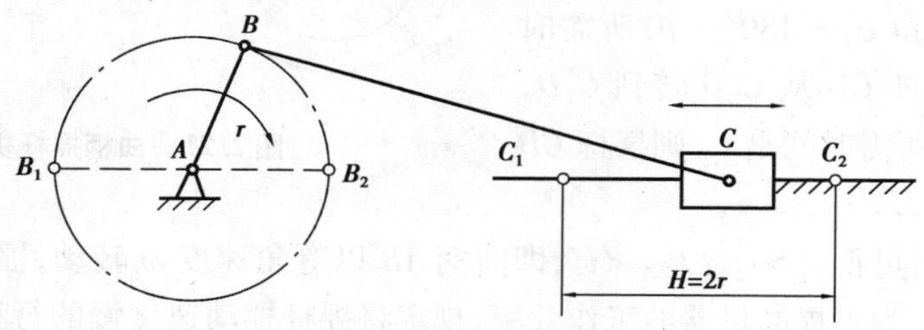

图 2.23 曲柄滑块机构

(2) 曲柄滑块机构的运动特点及应用

图 2.23 为对心曲柄滑块机构，若以曲柄 AB 为主动件并作连续旋转时，连杆 BC 将带动滑块 C 作往复直线移动，滑块 C 移动的距离 H 等于曲柄长度 r 的 2 倍，即 $H=2r$；反之，若以滑块 C 为主动件作往复直线运动时，连杆 BC 则带动曲柄 AB 作连续旋转，当从动曲柄与连杆出现共线和重叠时，存在两个死点位置，需采取相应的措施才能保证曲柄顺利渡过死点位置。

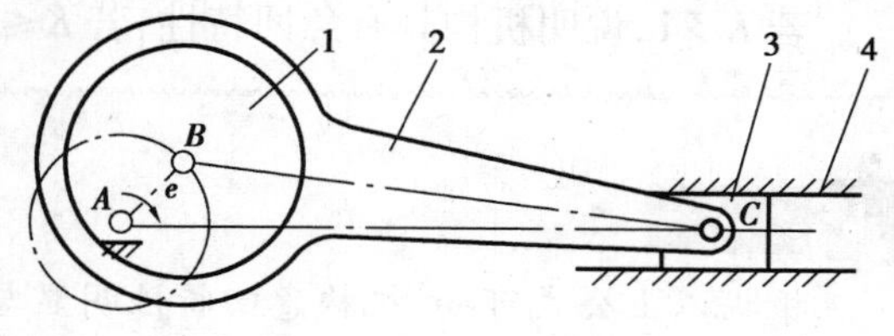

图 2.24 偏心轮机构

如果滑块行程较短，曲柄长度必须很小，则可采用如图 2.24 所示的偏心轮机构。这种机构其作用原理与曲柄滑块机构相同，滑块的移动距离是偏心距 e 的 2 倍，即 $H=2e$。

曲柄滑块机构在各种机械中的应用是很广泛的。如图 2.25 所示为常见的应用实例。

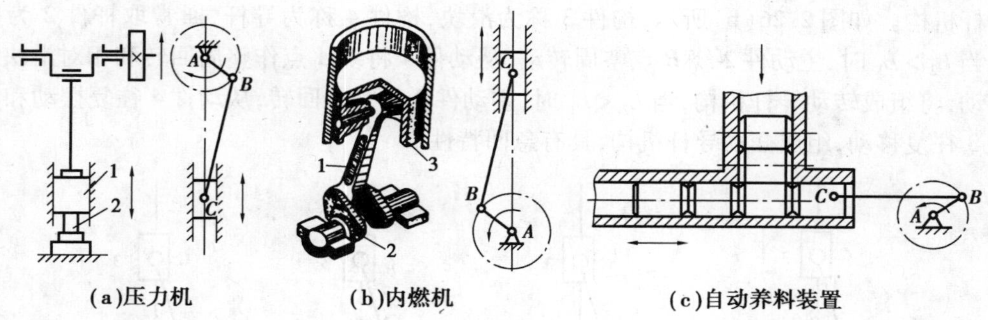

(a)压力机　(b)内燃机　(c)自动养料装置

图 2.25　曲柄滑块机构应用实例

如图 2.25(a)所示为用于冲压机上的曲柄滑块机构。它可将曲柄(即曲轴)的旋转运动转换为滑块(即重锤)的上下往复直线运动来冲压工件。

如图 2.25(b)所示为内燃机上的曲柄滑块机构。活塞(即滑块)的往复直线运动通过连杆驱动曲轴(即曲柄)连续转动。汽车、摩托车的发动机就是利用了此种机构。由于滑块为主动件,因此,该机构存在上下两个死点位置。对于单缸内燃机,如手扶拖拉机用的柴油机,通常附加一个飞轮产生惯性来使曲轴顺利通过死点位置。对于多缸内燃机,如汽车发动机,通常采用各缸错列排列的方式,避免出现死点位置。

如图 2.25(c)所示为自动送料装置。曲柄 AB 每旋转一圈,滑块从料槽中送出一个工件。

对心曲柄滑块机构中,滑块的工作行程是曲柄长度的________倍;偏心轮滑块机构中,滑块的工作行程是偏心距长度的________倍。

●任务小结

该任务讲述了平面四杆机构的急回运动特性、死点位置及曲柄滑块机构的特点和应用。当以曲柄为主动件时,曲柄摇杆机构有急回特性,可提高机构是工作效率,急回特性用行程速比系数 K 来表示;以摇杆为主动件时,曲柄摇杆机构有死点,可利用惯性、机构错位排列、限制摇杆工作摆角等办法克服死点。

●知识拓展

四杆机构的演化除了3种基本类型外,通过改变某些构件的形状、相对长度或选择不同构件为机架等方式,还可演化为不同的四杆机构,以满足各种运动需要。

(1)导杆机构

在如图 2.26(a)所示的对心曲柄滑块机构中,若将曲柄 AB 固定为机架,该机构就演变为导杆机构。如图 2.26(b)所示，构件 3 称为滑块，构件 4 称为导杆，通常取杆件 2 为主动件。当 $L_2 > L_1$ 时，主动件 2 绕 B 点整周转动，从动件 4 将绕 A 点作整周回转和相对滑块 3 往复移动，将组成转动导杆机构；当 $L_2 < L_1$ 时，主动件 2 作整周回转，从动件 4 往复摆动和相对滑块 3 往复移动，组成摆动导杆机构，具有急回特性。

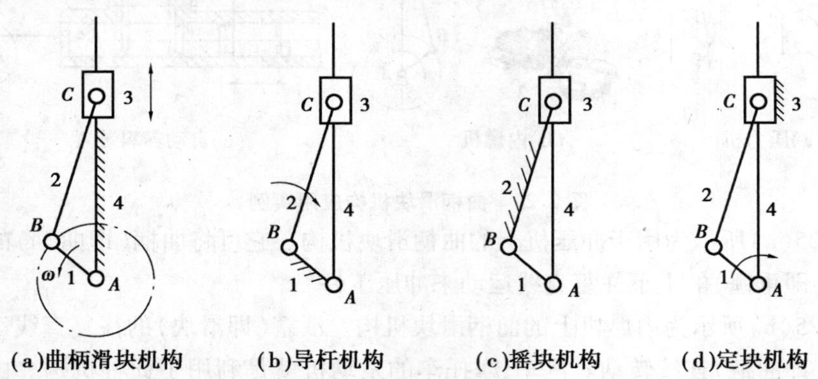

图 2.26　四杆机构演化对比

(2) 摇块机构

如图 2.26(c)所示，若将曲柄滑块机构的连杆 BC 固定为机架，该机构演化为摇块机构，通常以杆 1 或杆 4 为主动件。当 $L_1 < L_2$ 时，杆 1 可作整周转动；当 $L_1 > L_2$ 时，杆 1 只能摆动，导杆 4 都只能相对滑块 3 作滑动，并绕 C 点摆动，但滑块 3 只能绕 C 点摇动，故称为摇块。

(3) 定块机构

如图 2.26(d)所示，若将曲柄滑块机构的滑块 3 固定为机架，该机构就演变为定块机构，该机构通常以杆 1 为主动件，杆 1 回转时，杆 2 绕 C 点摆动，杆 4 相对固定滑块 3 作往复移动。

任务 2.4　凸轮机构

学习任务

1. 掌握凸轮机构基本类型及分类方法。
2. 掌握凸轮机构常用运动规律的特点、工作原理和运用。
3. 掌握对心直动件盘形凸轮轮廓曲线绘制方法。

知识学习

凸轮机构是靠机件自身几何结构将凸轮、从动件和机架通过点、线等接触形式联接起来的改变运动形式或传递力的高副机构；只要设计出不同轮廓形状的凸轮，就能得到不同的运动规律，即可实现各种复杂的机械运动；在明确凸轮运动规律的基础上，可利用反转原理绘制出凸轮轮廓曲线。

2.4.1　凸轮机构的组成

如图 2.27 所示，凸轮机构由凸轮、从动件和机架组成，只能以凸轮为主动件，依靠凸轮轮廓直接与从动件通过点、线的形式接触，从而将凸轮的连续转动或移动转化为从动件有规律的往复直线移动或摆动。由此可知，从动件的运动规律取决于机器的工作要求，但运动规律的实现，必须依赖于凸轮的轮廓形状，只要设计适当的凸轮轮廓，从动件就可实现任意的运动规律，其主要用于自动化机械中。

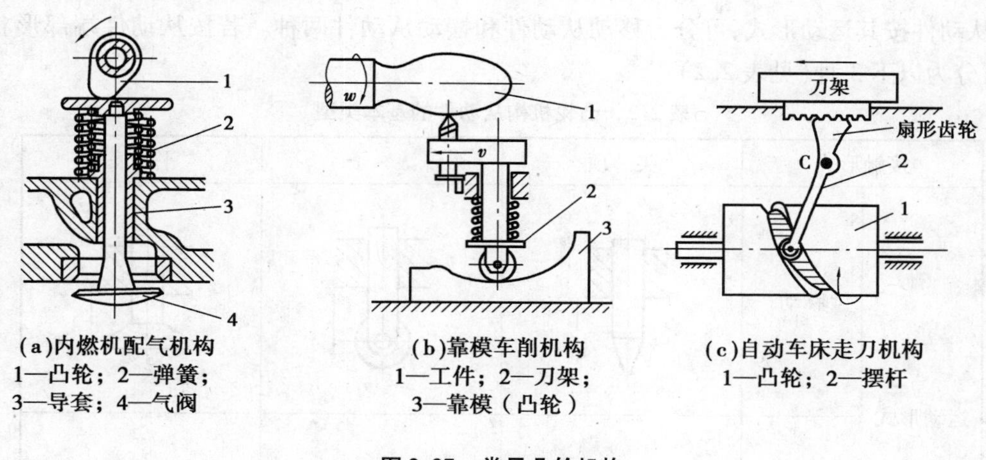

(a)内燃机配气机构
1—凸轮；2—弹簧；
3—导套；4—气阀

(b)靠模车削机构
1—工件；2—刀架；
3—靠模（凸轮）

(c)自动车床走刀机构
1—凸轮；2—摆杆

图 2.27　常见凸轮机构

2.4.2　凸轮机构的特点

(1)凸轮机构的优点

只要设计适当的凸轮轮廓，从动件便可实现任意的运动规律；其结构简单、紧凑、设计方便，广泛用于自动化生产中。

(2)凸轮机构的缺点

由于凸轮与从动件间是点、线接触，易磨损，只宜用于传力不大的场合；凸轮轮廓精度要求高，加工困难；从动件的行程不能过大，否则将使凸轮轮廓变大，机构笨重。

2.4.3　凸轮机构的分类

凸轮机构分类的方法通常有以下两种：

(1)按凸轮轮廓形状分类

1)盘形凸轮

如图 2.27(a)所示，凸轮是绕固定轴转动且具有变化半径的盘形构件，故称为盘形凸轮。它是凸轮的最基本形式，其从动件在垂直于凸轮轴的平面内运动。

2)移动凸轮

如图 2.27(b)所示,凸轮作往复直线移动。它可看成是转轴在无穷远处的盘形凸轮。

3)圆柱形凸轮

如图 2.27(c)所示,凸轮是圆柱体,从动件的运动平面与凸轮轴线平行。圆柱凸轮可看成是由移动凸轮卷曲成圆柱体演化而成的。

盘形凸轮和移动凸轮与其从动件之间的相对运动是平面运动,故属于平面凸轮机构。而圆柱凸轮与从动件之间的相对运动是空间运动,故属于空间凸轮机构。

(2)按从动件端部形状和运动形式分类

从动件按其运动形式,可分为移动从动件和摆动从动件两种。若按从动件端部形状分类,可分为以下 3 种(见表 2.2):

表 2.2　凸轮机构从动件的基本类型

接触形式		尖　顶	滚　子	平　底
运动形式	移动	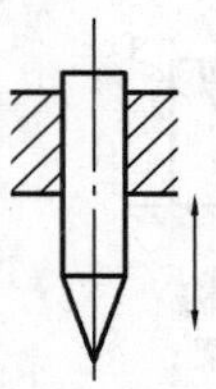	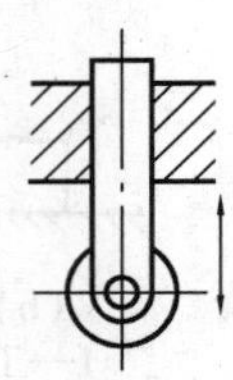	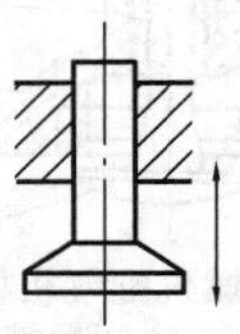
	摆动	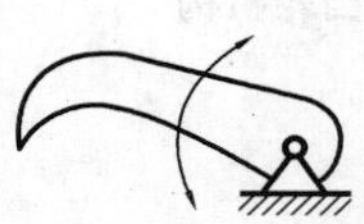	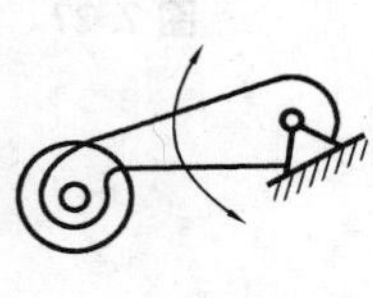	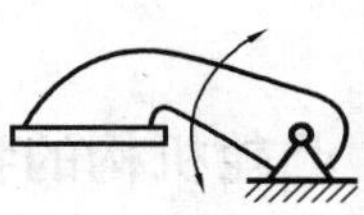

1)尖顶从动件

从动件端部为尖顶,能与任意的凸轮轮廓保持点接触,故能使从动件实现复杂的运动,但尖顶易于磨损,故仅适用于作用力不大和速度较低的场合。

2)滚子从动件

在从动件端部安装一个滚子,避免从动件直接与凸轮轮廓接触,由于滚子与凸轮轮廓之间为滚动摩擦,磨损较小,可用来传递较大的动力,因而应用较广。

3)平底从动件

从动件端部为以平面,这种从动件在平底与凸轮接触面间容易形成油膜,能减少磨损,当不计摩擦时,凸轮对从动件的作用力始终垂直于平底,受力比较平稳,故常用于高速场合。其缺点是平底仅能与轮廓全部外凸的凸轮相配,否则从动件无法实现预期的运动规律。

在移动从动件中,如果尖顶或滚子中心的轨迹通过凸轮回转中心,则称为对心直动从动件,如图 2.28(a)所示;否则,称为偏心直动从动件(见图 2.26(b)),其偏心距用 e 表示。

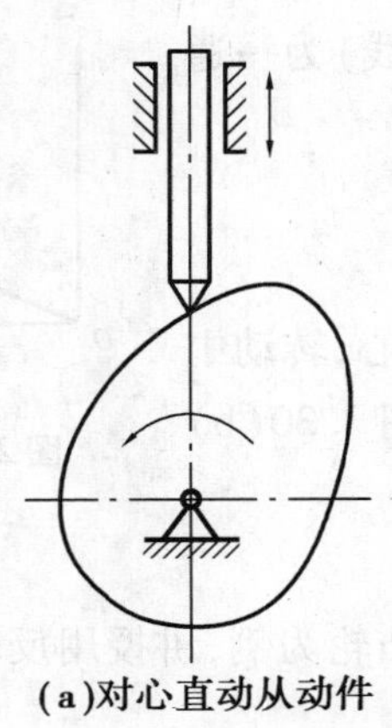

(a)对心直动从动件

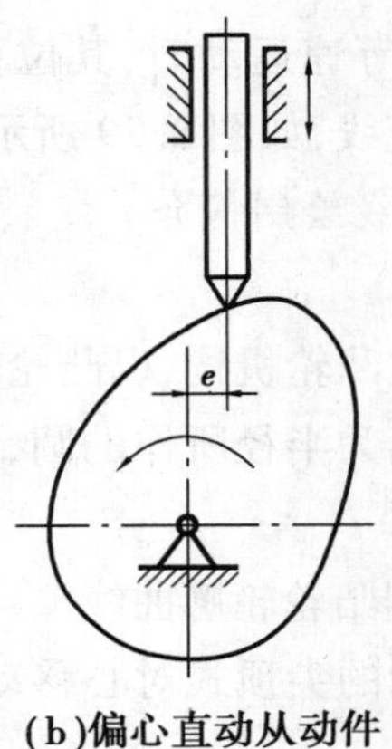

(b)偏心直动从动件

图 2.28　移动从动件分类

比较以上 3 种不同形状的从动件,各有什么优缺点?

2.4.4　从动件的运动规律

在生产中,从动件常见的运动规律有等速运动规律、等加速等减速运动规律、余弦加速度运动规律等。在此重点介绍等速运动规律。

(1)等速运动规律

1)等速运动规律的基本概念

当凸轮作等速运动时,从动件上升或下降的速度为一常数,这种运动规律称为等速运动规律。

2)等速运动规律的位移曲线

假设凸轮以角速度 ω 作匀速转动。当凸轮的转角从 0 开始匀速地增加到 δ_0时,从动件以速度 v 等速地从起点位置上升到最高位置,其行程为 h,回程类同。

由物理学可知,从动件作等速运动时,它的位移 s 与时间 t 的关系为

$$s = vt \tag{2.1}$$

同样,凸轮的转角 δ 与时间 t 的关系为

$$\delta = \omega t \tag{2.2}$$

由式(2.1)、式(2.2)两式消去 t,可得

$$s = (v/\omega)\delta \tag{2.3}$$

式中,v 和 ω 都为常数,故位移 s 和转角 δ 成正比关系。如果以 δ 为横坐标,s 为纵坐标,作出 s 与 δ 关系的曲线称为凸轮机构从动件等速运动规律位移曲线。

因此,从动件作等速运动时,其位移曲线(s-δ 曲线)为一通过坐标原点的倾斜直线,如图 2.29 所示。

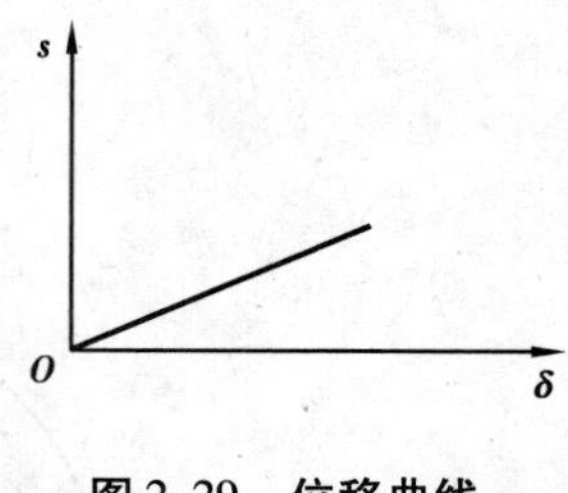

图 2.29 位移曲线

(2)凸轮轮廓曲线绘制简介

1)基圆

对于尖顶从动件凸轮机构,以凸轮转动中心为圆心,转动中心到轮廓最近点距离为半径所作的圆,称为基圆,如图 2.30(b)所示。

2)用反转法绘制凸轮轮廓曲线

现以作等速运动的尖顶式对心移动从动件盘状凸轮为例,讲授用反转法绘制凸轮轮廓曲线的方法。

例 2.1 已知凸轮按逆时针方向等速运动,凸轮基圆半径为 40 mm,从动件的运动规律见表 2.3,绘制盘形凸轮轮廓曲线。

表 2.3 从动件的运动规律

凸轮转角 δ	0～120°	120°～150°	150°～210°	210°～360°
从动杆的运动规律	等速上升 20 mm	停止不动	等速下降至原位	停止不动

解 作图步骤如下:

1)画位移曲线

选取适当比例,横坐标表示凸轮转角 δ,纵坐标表示从动件的位移 s。因为从动件等速运动时,位移曲线为斜直线,根据已知运动规律即可绘出该凸轮机构位移曲线(见图 2.30(a)),然后将横坐标轴上表示 δ 角长度的线段,按一定的间隔(间隔越小越精确)等分并编号,得到位移 11′,22′,33′,…。

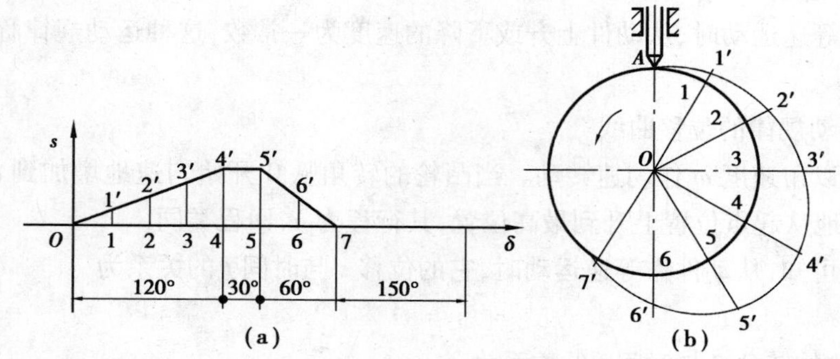

图 2.30 绘制轮廓曲线

2)画凸轮轮廓曲线

①作基圆及等分角度线。用与位移曲线相同的比例,以 O 为圆心,$OA=40$ mm 为半径作基圆,如图 2.30(b)所示。沿与凸轮转向相反的方向,从 A 点开始,按照位移曲线上等分的角度,在基圆上画出对应的等分角度线,$O1$,$O2$,$O3$,…。

②延长基圆上各等分角度线，分别使 11′,22′,33′,…与位移曲线中各对应的位移量 11′,22′,33′,…相等，得到 1′,2′,3′等各点。

③用光滑曲线依次连接 1′,2′,3′等点，即可得到上升、停止、下降、停止各段的凸轮轮廓曲线。其中，在从动件停止不动的部分，凸轮轮廓曲线是以 O 为圆心的一段标准圆弧。

这种作凸轮轮廓曲线的方法，即为反转法。

绘制凸轮轮廓曲线所采用的反转法，其“反转”的实质是什么？

●任务小结

该任务主要讲述了凸轮机构基本类型及分类方法；分析了凸轮机构常用运动规律的特点、工作原理以及运用场合；实例讲解了对心直动从动件盘形凸轮轮廓曲线绘制方法。

①凸轮机构是由凸轮、从动件和机架通过点、线接触组成的高副机构，只能以凸轮为主动件，依靠凸轮轮廓直接推动从动件实现运动形式的转变和力的传递。

②凸轮分类的方法有 4 种：一是按凸轮的形状分为盘形凸轮、移动凸轮和圆柱凸轮；二是按从动件形状分为尖顶式、平底式和滚子式；三是按从动件运动形式有移动式和摆动式；四是按凸起和从动件间相对位置可分为平面凸轮机构和空间凸轮机构。

③凸轮机构一般都要经历“升程—远休止(停)—回程—近休止(停)”的运动过程。从动件常用等速运动规律，其位移曲线为一通过坐标原点的倾斜直线。

④掌握用反转法绘制凸轮轮廓曲线的方法，其实质是要求标注基圆的等分序号与凸轮转向相反。

●知识拓展

等加速等减速运动规律

除等速运动规律外，从动件通常还按等加速等减速规律运动。何谓等加速等减速运动规律，就是从动件在一个升程或回程中，前半段作等加速运动，后半段作等减速运动。通常等加速段和等减速段的时间相等，位移都等于 $h/2$，加速度的绝对值也相等，其位移曲线为抛物线，避免了刚性冲击，但有柔性冲击，适用于凸轮中速回转、从动件质量不大和轻载场合。

任务 2.5　间歇运动机构

学习任务

1. 明确间隙机构的使用场合。
2. 了解棘轮机构的组成、特点和应用。
3. 了解槽轮机构的组成、特点和应用。

知识学习

间歇运动机构是将主动件的连续运动转换为从动件的周期性时停时动，以满足某些机构的运动要求。常用的间歇运动机构有棘轮机构和槽轮机构等。例如，牛头刨床上刨刀一次往复行程，要将工件送进一个走刀量，就应用了棘轮机构。转塔式自动车床上刀具回转，就用了槽轮机构。

2.5.1　棘轮机构

(1)棘轮机构的工作原理

如图 2.31 所示，棘轮机构由主动棘爪 2、棘轮 1 和机架组成，常用在起刀机构、单向传动及止动装置中。工作时，当曲柄 4 沿逆时针连续转动时，主动棘爪 2 随摇杆 3 一起作摆动或移动，推动棘轮逆时针方向转动。由于棘齿两侧倾斜度不一样，在回程时(顺时针)棘爪 2 在棘轮 1 齿面上滑过，因此棘轮只能作单向转动。为了防止棘轮反转，还增加了一个止回棘爪 5。

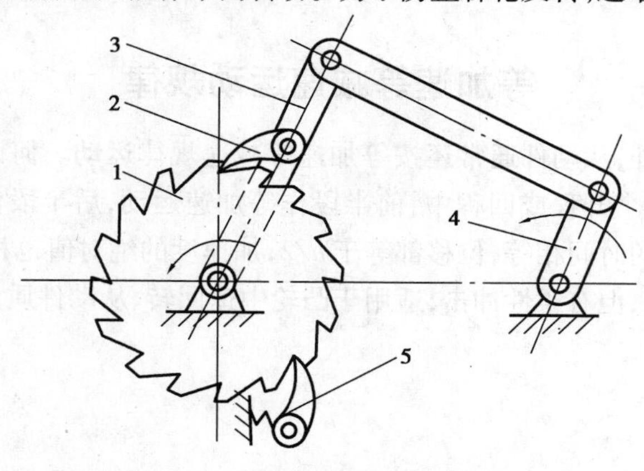

图 2.31　棘轮机构

1—棘轮;2—主动棘爪;3—摇杆;4—曲柄;5—止回棘爪

(2)棘轮机构的分类

棘轮机构的类型按工作原理,可分为齿式棘轮机构和摩擦式棘轮机构。齿式棘轮机构按啮合情况,又可分为外啮合和内啮合两种形式。

1)齿式棘轮机构

如图2.31所示的棘轮机构是一个齿式棘轮机构。

如图2.32所示的棘轮机构可实现双向间歇运动的要求。棘爪2的端部加工成单边楔形,其直边部分能推动棘轮4转动,而斜边部分只能在棘轮4的齿背上滑过,棘爪2与棘轮齿槽靠弹簧力保证接触。棘爪2在图2.32(a)位置时,棘轮4可作逆时针方向的间歇转动。若将棘爪2提起转过180°,再放入棘轮4的槽内(见图2.32(b)),棘轮作顺时针方向间歇转动,实现双向间歇运动的要求。若转动调位遮板,改变其缺口位置,即可改变棘轮的转角大小。

如图2.32(c)所示的棘爪形状对称,棘轮齿形同样加工成矩形,需要改变棘轮转向时,将棘爪翻转180°,棘轮便可实现反向间歇运动要求。

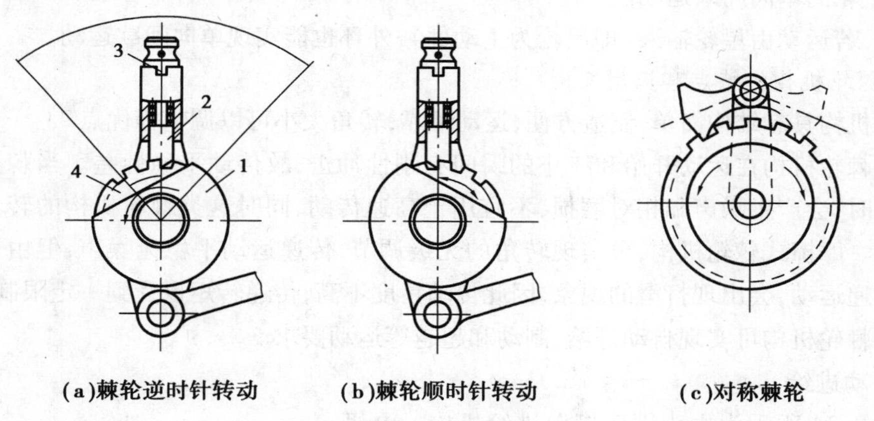

(a)棘轮逆时针转动　　(b)棘轮顺时针转动　　(c)对称棘轮

图2.32　双向式棘轮机构

1—遮板;2—棘爪;3—凹槽;4—棘轮

2)摩擦式棘轮机构

如图2.33(a)所示为摩擦式棘轮机构。

它主要由摩擦轮3、偏心楔块4,5及机架组成。偏心楔块5用转动副联接在摇杆2上,靠弹簧片1压紧使其与摩擦轮3保持接触。在图示位置,逆时针方向转动摇杆2,偏心楔块5与摩擦轮3间产生的摩擦力带动摩擦轮3逆时针转过一定角度。当摇杆2摆回时,偏心楔块4将阻止摩擦轮顺时针转动。

若需传递较大转矩,可用滚子摩擦式棘轮机构,依靠增大接触表面来增加摩擦力,如图2.33(b)所示。滚子摩擦式棘轮机构由外环1、星轮2和滚子3组成。当外环1逆时针方向转动时,由于外环对滚子的摩擦力作用使滚子3向外环与星轮之间的狭窄外楔紧,楔紧所产生的摩擦力则使外环和星轮形成一个整体,从而使星轮2随外环一起逆时针转动。当外环按顺时针方向转动时,滚子在摩擦力作用下从狭窄处退出,使外环与星轮松开,星轮静止不

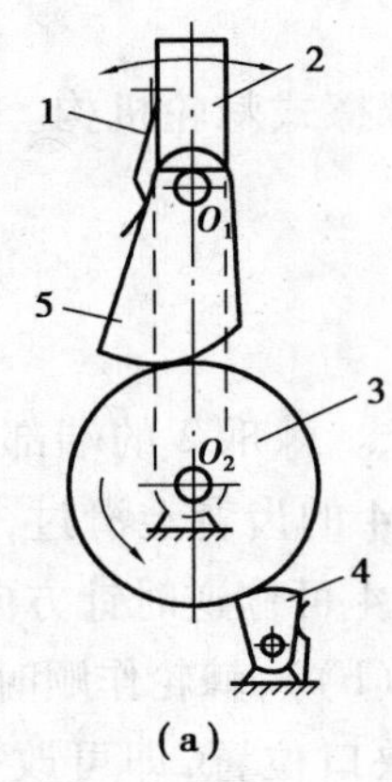

(a)

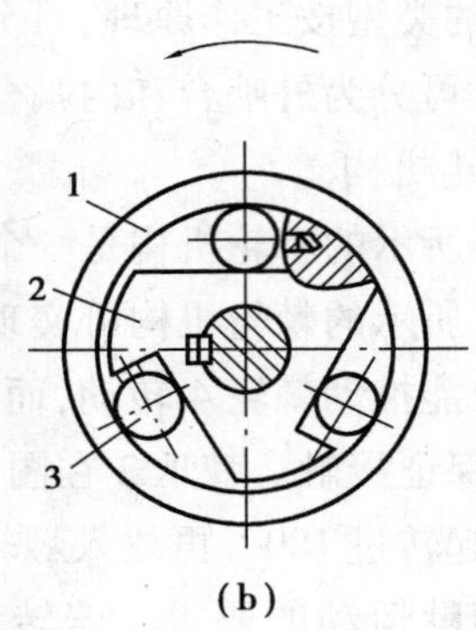

(b)

图 2.33　摩擦式棘轮机构

1—弹簧片;2—摇杆;3—摩擦轮;4,5—偏心楔块　　1—外环;2—星轮;3—滚子

动,实现星轮的单向间歇运动。

反之,若运动由星轮输入(即星轮为主动件),外环也能实现单向间歇运动。

(3)棘轮机构的特点和应用实例

棘轮机构具有结构简单,制造方便,运动可靠,转角大小可以调节等优点。

齿式棘轮机构在运动开始和终止的瞬间有刚性冲击,故传动平稳性差。当棘爪在棘齿背面滑过时,会产生噪声和相对磨损,不宜用于高速传动,同时这类棘轮机构的转角只能作有级调节。摩擦式棘轮机构,可实现转角的无级调节,传递运动平稳无噪声,但由于借助摩擦力来传递运动,会出现打滑的现象,因此传动精度不高,传递转矩也受到一定限制。

利用棘轮机构可实现自动进给、制动和超越等运动要求。

1)自动进给

如图 2.34 所示为牛头刨床横向进给机构。电机的动力通过床头箱中齿轮、曲柄摇杆机构传给棘爪 3,使其往复运动时拨动棘轮 5 作间歇运动。棘轮 5 与丝杠 6 固定联接,工作台 7 内螺母与丝杠 6 相配合。棘轮 5 带动丝杠 6 再带动螺母和工作台 7 作自动进给。图中偏心销 1 的偏心量为曲柄长度,可在滑槽内调节,以达到调节棘轮摆角和工作台进给量的目的。

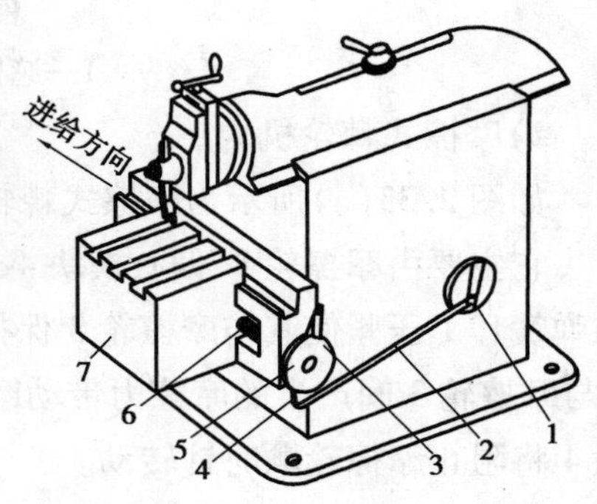

图 2.34　牛头刨床横向进给机构

1—偏心销;2—连杆;3—棘爪;4—摇杆;
5—棘轮;6—进给丝杠;7—工作台

2)制动

如图 2.35 所示为利用棘轮机构制动的起重装置。在绞盘鼓轮端面加工或装有棘轮 4,当电机或其他动力带动绞盘鼓轮逆向转动时,钢丝绳提升重物;当停止动力输入时,棘爪 2 被弹簧片压在棘轮齿槽内,阻止绞盘鼓轮反转导致重物下落。

3) 超越

如图 2.36 所示为自行车后轴上的"飞轮",实际上就是一个内啮合棘轮机构。飞轮 1 的外圆周是链轮,内圆周制成棘轮轮齿,棘爪 2 安装在后轴 3 上。当链条驱动飞轮转动时,飞轮内侧的棘齿通过棘爪带动后轴转动;当链条停止运动时,棘爪沿飞轮内侧棘轮的齿背滑过,后轴在自行车惯性作用下与飞轮脱开而继续转动,产生"主动"的超越作用。

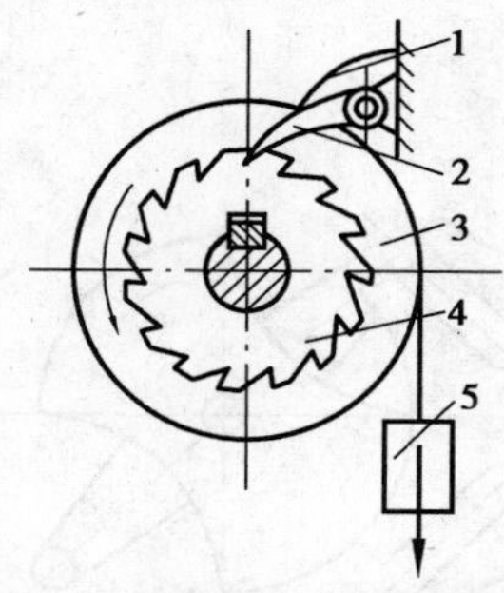

图 2.35　防止逆转的棘轮机构

1—弹簧;2—棘爪;3—鼓轮;4—棘轮;5—重物

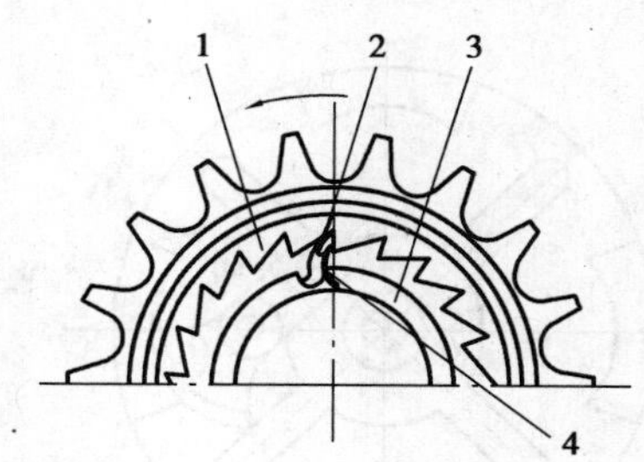

图 2.36　自行车后轴飞轮

1—飞轮;2—棘爪;3—后轴;4—弹簧

2.5.2　槽轮机构

(1) 槽轮机构的工作原理

槽轮机构是一种常见的间歇运动机构。如图 2.37(a)所示。它是由曲柄 1、圆销 2、具有径向槽的槽轮 3 和机架等组成。曲柄 1 为主动件并等速转动,当曲柄 1 的圆销 2 未进入槽轮 3 径向槽前,槽轮 3 靠槽轮上的锁止凹弧 $\overset{\frown}{efg}$ 和转动曲柄上的锁止凸弧 $\overset{\frown}{abc}$ 卡住不转。当圆销 2 进入径向槽后,锁止弧不再锁紧,圆销 2 带动槽轮按曲柄转动相反方向转过一定角度;当圆销脱离径向槽时(见图 2.37(b)),锁止凸弧将进入另一段锁止凹弧,起到锁紧槽轮静止不动的作用,槽轮实现间歇运动。为了避免槽轮在启动和停歇时发生冲击,在如图 2.37(a)所示的锁止弧 a,c 两点,圆销进入和脱离槽轮径向槽时,应分别处于中心线连线 O_1O_2 上,以便锁止弧间能及时起到脱开和锁紧的作用。

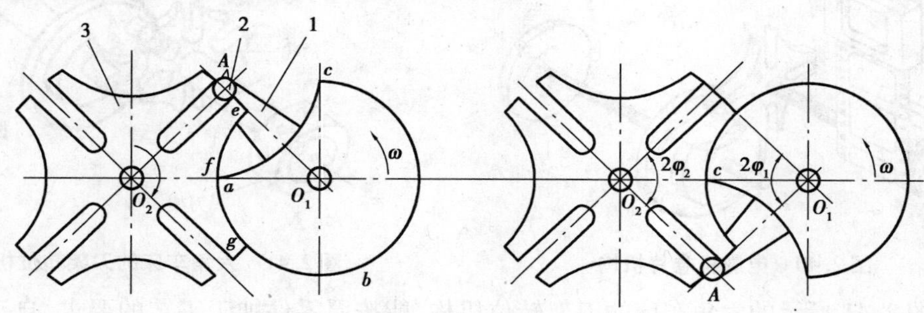

图 2.37　单圆销外啮合槽轮机构

1—曲柄;2—圆销;3—槽轮

(2)槽轮机构的分类

槽轮机构按啮合形式分为外啮合和内啮合两种形式。按其曲柄上圆销数,可分有单圆销和双圆销两种。

如图2.37所示为单圆销外啮合槽轮机构。

如图2.38所示为内啮合槽轮机构,其工作原理与外啮合式相同,但槽轮与曲柄转向相同。

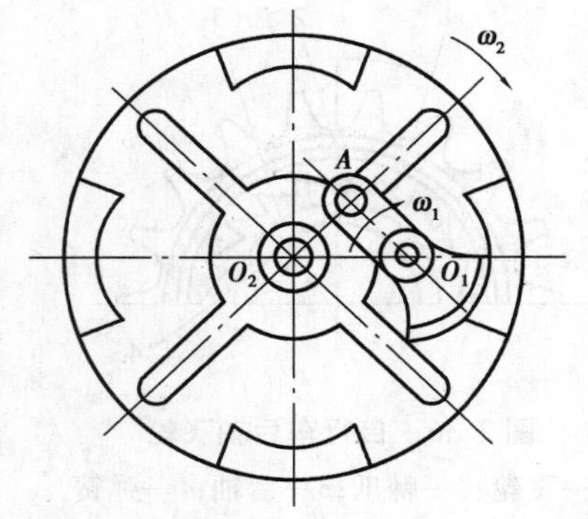

图2.38 内啮合槽轮机构

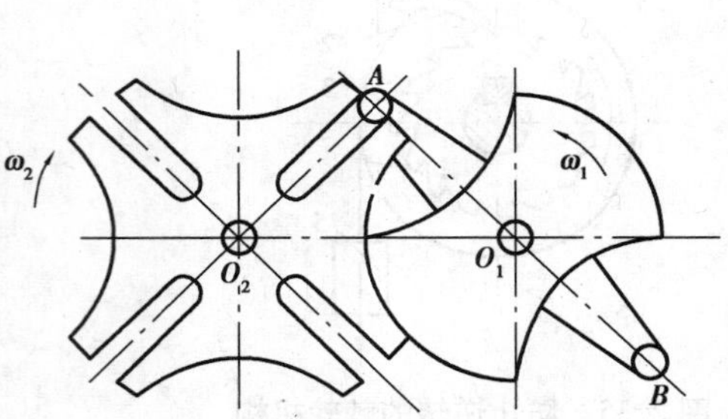

ω2
A
ω1
O2
O1
B

图2.39 双圆销槽轮机构

单圆销的槽轮机构,曲柄旋转一周,槽轮转过一定角度,完成一次间歇运动;若要使曲柄转一周完成两次间歇运动,则可采用如图2.39所示的双圆销槽轮机构。

(3)槽轮机构的特点和应用实例

1)槽轮机构的特点

槽轮机构结构简单,工作可靠,与棘轮机构相比,运动较为平稳。但从动轮转角较大,且不易调节,在圆销进入啮合和脱离啮合时均有冲击。一般应用于转速较高,要求间歇地转过一定角度的分度装置中。

2)槽轮机构的应用

如图2.40所示的电影机卷片机构,能根据人的视觉暂留时间,作自动的间歇卷片动作。

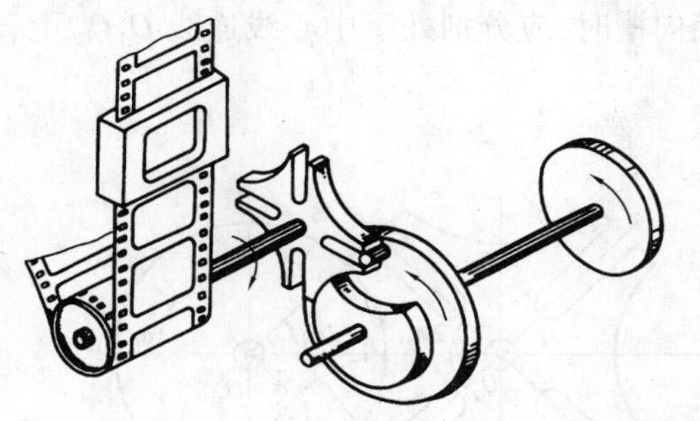

图2.40 电影机卷片机构

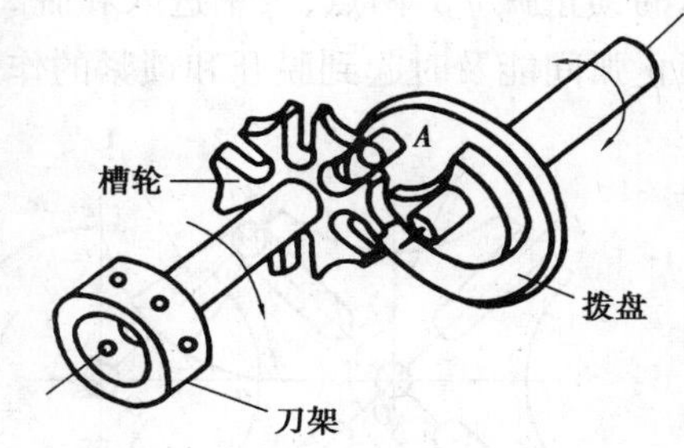

图2.41 六角车床的刀架转位机构

如图2.41所示的六角车床的刀架转位机构,能按照零件加工工艺的要求,自动地变换所需的刀具位置。由于刀架上装有6种可以变换的刀具,因此槽轮上开有6条径向槽,当销子进出槽轮一次,则可推动槽轮转动60°,这样就可实现刀架的自动转位。

●任务小结

该任务主要讲述了棘轮机构和槽轮机构的组成、特点和应用。

①间歇运动机构是将主动件的连续转动转变为从动件周期性的时停时动，常见的间歇机构分为棘轮机构和槽轮机构。

②齿式棘轮机构结构简单，运动可靠，但有噪声和刚性冲击，一般用于有级变速场合，其棘轮转角大小可通过改变摇杆摆角和利用遮板调节；若为避免刚性冲击、噪声和实现无级变速，可采用摩擦式棘轮机构，但承载能力小，易打滑。

③槽轮机构是主动曲柄连续转动，推动圆销进入槽轮的径向槽，从而带动槽轮转过一定角度。其转过的角度与槽轮的槽数有关，因此，槽轮机构转角大小不能调节，多用于自动化机械中。

●知识拓展

不完全齿轮机构

不完全齿轮机构是由普通齿轮机构演化而来的间歇机构，其与普通齿轮的区别就是齿形没有布满整个圆周，如图 2.42 所示。主动齿轮 1 连续转动，当齿轮 1 有轮齿部分与从动轮 2 啮合，从动轮 2 便实现转动；当齿轮 1 没有轮齿部分转到与从动轮 2 相切的节圆位置时，从动轮 2 便静止不动。此时，从动轮上的锁止弧 S_2 与主动轮上的锁止弧 S_1 相互配合，从动件停歇在固定位置，保证间歇运动的实现。由于在其转动的起点和终点角速度有突变，存在冲击，一般用于低速、轻载的工作条件。

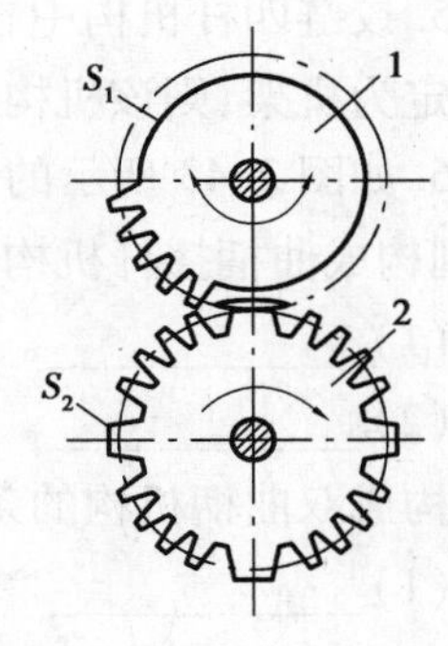

图 2.42　不完全齿轮机构

1—齿轮；2—从动轮

小阅读

世界之最

(1)曲柄摇手

公元前 2 世纪，中国人发明曲柄摇手；西方于公元 9 世纪才使用曲柄摇手，比中国晚了 700 年左右。

(2)曲柄

大约公元前 100 年，中国人发明了曲柄，并在实践中得到了应用。当时，中国人把一根棍子弯成一个直角，类似摇转手柄。曲柄应用很广，如用于转动石磨等。曲柄在机械上可用来把往复运动转为旋转运动。1400 年有人把曲柄与连杆垂直相连，转动曲柄，连杆便作往复运动，可用于水力机械、拉风箱和锯木头等。曲柄和连杆是蒸汽机的主要组件，可使活塞的往复运动转为旋转运动，驱动机器。如今的汽油和柴油引擎中，曲柄和连杆也起同样的作用。

(3)凸轮

中国人于公元983年发明凸轮，并应用于借水力提升的重型链。同一时间，在西方意大利塔斯坎民的一座浆洗作坊中应用了凸轮。

●思考与练习

一、填空题

1. 铰链四杆机构中，固定不动的构件，称为______；与机架用转动副相联且能绕该转动副轴线整周旋转的构件，称为______；与机架用转动副相联但只能绕该转动副轴线摆动的构件，称为______；不与机架直接联接的构件，称为______。

2. 铰链四杆机构按曲柄和摇杆的存在情况分为______机构、______机构和______机构3种基本形式。

3. 曲柄摇杆机构中，当______为主动件时，机构将出现死点。

4. 家用缝纫机的踏板机构属于______机构，主动件是______。

5. 铰链四杆机构中，若最短杆与最长杆长度之和小于或等于其他两杆长度之和，且最短杆固定为机架，则该机构为______。

6. 如图2.43所示的铰链四杆机构，若杆 a 最短，杆 b 最长，则构成曲柄摇杆机构的条件是：

(1)______。

(2)______。

构成双曲柄机构的条件是：

(1)______。

(2)______。

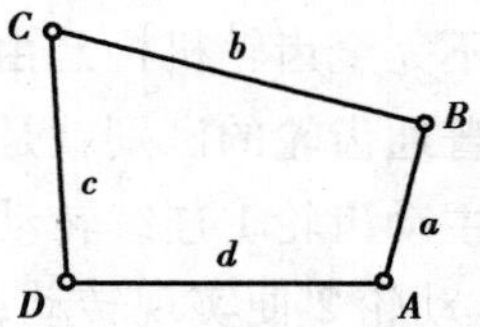

图 2.43 铰链四杆机构

7. 单缸内燃机属于______机构，它以______为主动件，该机构存在______个死点位置。

8. 凸轮机构的功用是将凸轮的______或______转换为从动件的或______，从动件可以按预定规律变化，在______机械中应用十分广泛。

9. 凸轮机构一般是由______、______和______3个构件组成。

10. 凸轮机构按凸轮形状可分为______、______和______3类；按从动件的形式可分为______、______和______3类。

11. 在凸轮机构中，从动件的运动规律由机器的______决定的，且从动件的运动规律又是依赖凸轮______来控制和实现的。

12. 当凸轮作等速运动时，从动件上升或下降的速度为一常数，这种运动规律称为______。

13. 对于尖顶从动件凸轮机构，以凸轮转动中心为圆心，转动中心到轮廓最近点距离为半径所作的圆，称为______。

14. 间歇运动机构是将主动件的______转换为从动件的周期性的______的间歇

运动,以满足某些机构的运动要求。常用的间歇运动机构有________和________等。

15. 棘轮机构由____________、____________和____________组成。

16. 棘轮机构按工作原理,可分为____________和______________。齿式棘轮机构按啮合情况,又分为____________和____________两种形式。

17. 利用棘轮机构可实现自动进给、____________和______________等运动要求。

18. 槽轮机构按啮合形式,可分为____________和____________两种形式;按其曲柄上圆销数,可分为____________和____________两种。

二、选择题

1. 如图 2.44 所示的铰链四杆机构,当取杆 *AB* 为机架时,有( );当取杆 *CD* 为机架时,有( );当取杆 *BC* 为机架时,有( )。

A. 一个曲柄 B. 两个曲柄 C. 两个摇杆

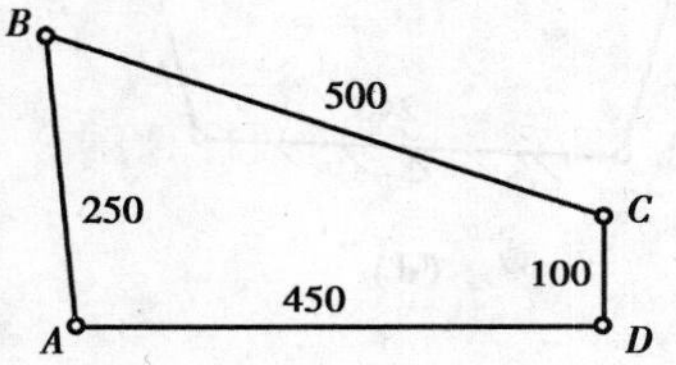

图 2.44 铰链四杆机构

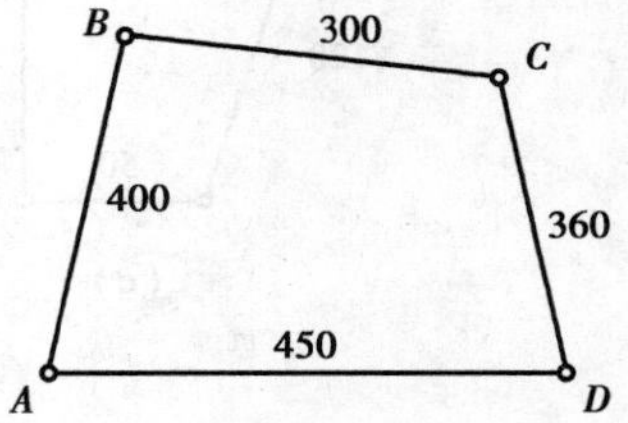

图 2.45 铰链四杆机构

2. 如图 2.45 所示铰链四杆机构构成曲柄摇杆机构时,须固定( )。

A. 杆 *AD* B. 杆 *AB* 或杆 *CD*

C. 杆 *BC* D. 杆 *AD* 或杆 *BC*

3. 铰链四杆机构各杆长度(mm)如下,取 *BC* 为机架,构成双曲柄机构的是( )。

A. $AB=130, BC=150, CD=175, AD=200$

B. $AB=150, BC=130, CD=165, AD=200$

C. $AB=175, BC=130, CD=185, AD=200$

D. $AB=200, BC=150, CD=165, AD=130$

4. 曲柄滑块机构中,当( )为主动件时,机构一般不存在死点。

A. 曲柄 B. 滑块 C. 摇杆

5. 一偏心轮机构的偏心距为 15 mm,滑块的行程是( )。

A. 15 B. 30 C. 60

三、综合题

根据如图 2.46 所示的尺寸,判断各铰链四杆机构的类型,并画出曲柄摇杆机构的两极限位置。

(a)____________(b)____________(c)____________(d)____________

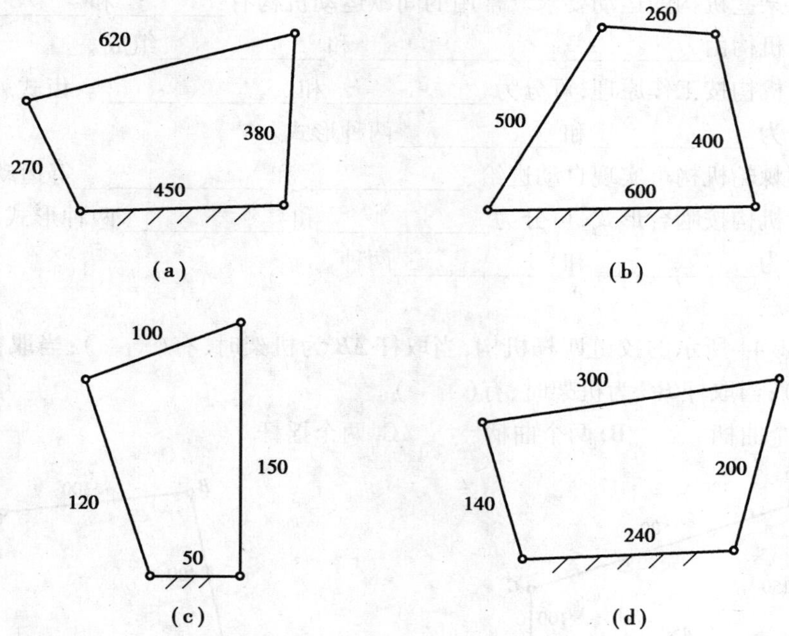

图 2.46 铰链四杆机构

四、设计凸轮轮廓曲线

绘制尖顶式对心移动从动件凸轮轮廓曲线。已知凸轮作顺时针转动，凸轮基圆半径为 15 mm，从动件运动规律见表 2.4。

表 2.4 从动件运动规律

凸轮转角 δ	0°～150°	150°～210°	210°～360°
从动件运动规律	等速上升 10 mm	停止不动	等速下降到原处

第3单元

支承部分

●单元概述

本单元主要介绍轴系零件中主要支承零部件的基础知识；常用轴的应用与分类；常用轴的材料与结构特征；常用轴的强度的计算方法；滑动轴承的结构和应用特点及常见的失效形式；常用滑动轴承的材料；滚动轴承的结构、类型、代号和应用特点及选择原则。

●能力目标

了解常用轴的种类、材料、结构和应用；了解轴的强度计算方法；了解滑动轴承的特点、主要结构和应用；了解滑动轴承常用材料及常见的失效形式；熟悉滚动轴承的类型、特点、代号及应用；掌握滚动轴承的选择原则。

任务 3.1　轴

学习任务

1. 了解常用轴的应用、种类与材料。
2. 了解常用轴的结构。
3. 了解轴的强度计算方法。

知识学习

轴是机器上的重要支承零部件，各种传动件如齿轮、蜗轮、带轮等，都必须装在轴上，才能实现其回转运动，并通过它来传递运动和动力。此部分主要学习常用轴的应用、种类和材料以及常用轴的结构和强度的计算方法。

3.1.1　轴的基本知识

(1) 轴的分类

1) 按照轴线形状分类

①直轴

轴心线为一直线的轴称为直轴。直轴在机构中应用最为广泛，直轴按其外形的不同，可分为光轴和阶梯轴，如图 3.1 所示。

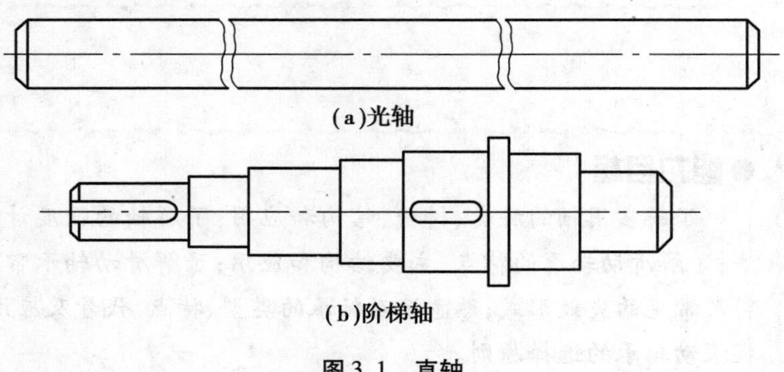
(a)光轴

(b)阶梯轴

图 3.1　直轴

②曲轴

各轴段的轴心线不在同一直线上的轴称为曲轴。主要用于内燃机中，如汽车发动机曲轴，如图 3.2 所示。

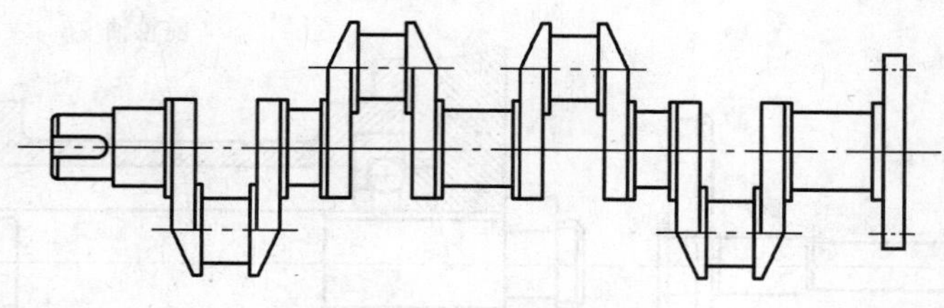

图3.2　曲轴

③钢丝软轴

可以随意弯曲，工作时具有弯曲轴线的轴，称为钢丝软轴。它主要用于两传动轴线不在同一直线或工作时彼此有相对运动的空间传动，也可用于受连续振动的场合，具有缓和冲击的作用。如联接汽车里程表的传动轴，如图3.3所示。

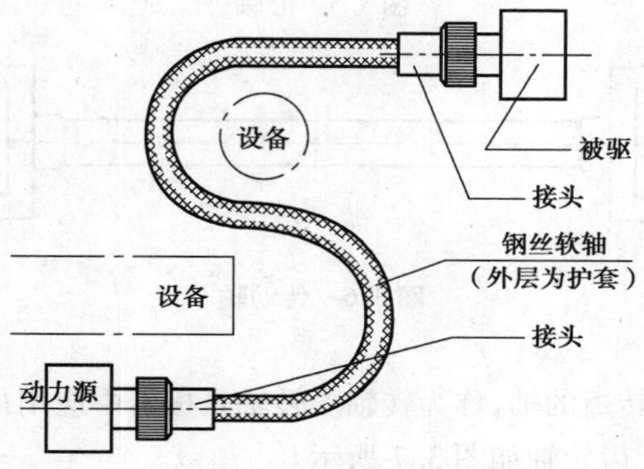

图3.3　钢丝软轴

轴一般都制成实心的（实心轴）。只有在因机器结构要求，需要在轴中安装其他零件或是减轻轴的质量具有特别重大作用时，才将轴制成空心的（空心轴），如图3.4所示。

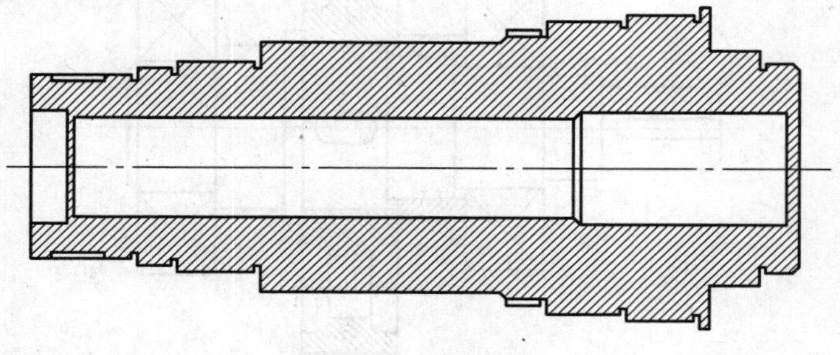

图3.4　空心轴

2）按照轴承受的载荷分类

①心轴

只承受弯矩，不承受转矩的轴称为心轴。这种轴受载后只产生弯曲变形。按其是否转动，可分为转动心轴和固定心轴。火车车轮轴就是转动心轴，自行车前轴则是固定心轴，如图3.5所示。

②传动轴

主要承受转矩，不支承转动零件的轴，称为传动轴。汽车传动轴如图3.6所示。

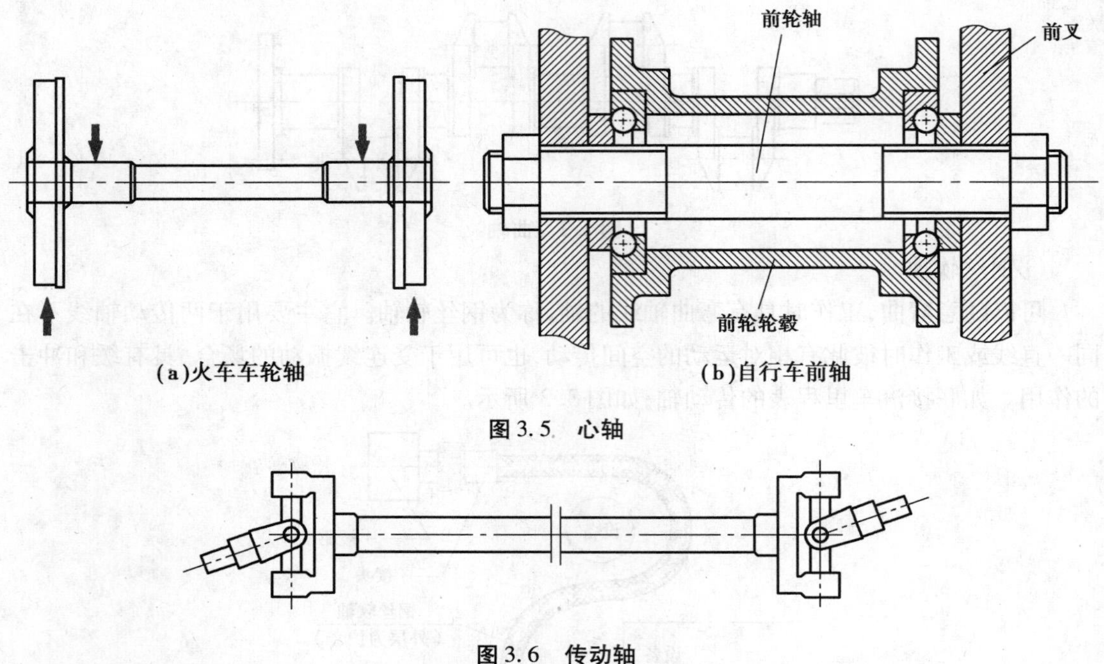

图 3.5　心轴

图 3.6　传动轴

③转轴

既承受弯矩,又承受转矩的轴,称为转轴。转轴是机器中应用最多的轴,汽轮机、水轮机和发电机的轴都是转轴。齿轮轴如图 3.7 所示。

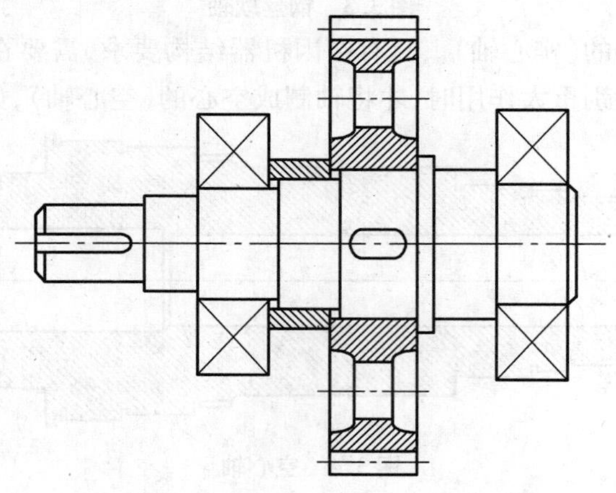

图 3.7　转轴

(2)轴的材料

由于轴工作时产生的应力多是交变的循环应力,故轴的损坏常为疲劳破坏,而轴是机器中的重要零件,因此轴的材料应具有足够高的强度和韧性,较小的应力集中敏感性和良好的工艺性,有的轴还要求有耐磨性等。故轴的材料常用优质碳素结构钢和合金结构钢。

优质碳素钢具有足够的强度,比合金钢价廉,对应力集中的敏感性较低,并且可通过正火或调质处理获得较好的综合机械性能,故应用广泛,常用 30,40,45,50 钢,其中以 45 号钢经调质处理最为常用。

合金钢具有较高的机械性能，但价格较贵，常用于制造有特殊要求的轴。如高速重载轴；受力大而又要求尺寸小、质量轻的轴；处于高温、低温或腐蚀性介质中的轴等。

形状复杂的轴可用球墨铸铁 QT600 等制造，具有价廉、良好的吸振性和耐磨性，对应力集中的敏感性较低，但脆性较高。

不重要或受力较小的轴，可采用 Q235，Q255，Q275 等。

轴的常用材料及其力学性能见表 3.1。

表 3.1　轴的常用材料及其力学性能

材料牌号	热处理	毛坯直径 /mm	硬度 /HBS	抗拉强度极限 (MPa)	屈服强度极限 (MPa)	弯曲疲劳极限 (MPa)	剪切疲劳极限 (MPa)	许用弯曲应力 (MPa)	备注
Q235-A	热轧或锻后空冷	≤100		400～420	225	170	105	40	用于不太重要及受载荷不大的轴
		>100～250		375～390	215				
45	正火	≤100	170～217	590	295	255	140	55	应用最广泛
		>100～300	162～217	570	285	245	135		
	调质	≤200	217～255	640	355	275	155	60	
40Cr	调质	≤100	241～286	735	540	355	200	70	用于载荷较大，而无很大冲击的重要轴
		>100～300		685	490	335	185		
40CrNi	调质	≤100	270～300	900	735	430	260	75	用于很重要的轴
		>100～300	240～270	785	570	370	210		
38SiMnMo	调质	≤100	229～286	735	590	365	210	70	用于重要的轴，性能近于40CrNi
		>100～300	217～269	685	540	345	195		
38CrMoAlA	调质	≤60	293～321	930	785	440	280	75	用于要求高耐磨性，高强度及热处理(氮化)变形很小的轴
		>60～100	277～302	835	685	410	270		
		>100～160	241～277	785	590	375	270		
20Cr	渗碳、淬火、回火	≤60	渗碳 56～62HRC	640	390	305	160	60	用于要求强度及韧性均较高的轴
3Cr13	调质	≤100	≥241	835	635	395	230	75	用于腐蚀条件下的轴
1Cr18Ni9Ti	淬火	≤100	≤192	530	195	190	115	45	用于高、低温及腐蚀条件下的轴
		>100～200		490		180	110		
QT600-3			190～270	600	370	215	185		用于制造外形复杂的轴
QT800-2			245～335	800	480	290	250		

3.1.2 轴的结构

不同机器上的轴工作情况不同，受载荷大小也不一样，故轴没有标准的形式，但它们都必须满足下列要求：轴与安装在轴上的零件应有准确的工作位置；轴上零件与轴应可靠的相对固定；轴上零件应便于装拆和轴便于加工；轴的结构设计应充分考虑到使用时尽量减少应力集中；轴的各部分尺寸应符合标准要求。

传动轴、心轴的结构比较简单，常见为等截面的直杆。转轴的结构最典型，多为阶梯形。这种形状有利于轴上零件的定位和固定，而且装拆方便。阶梯轴两端较细，中间较粗，接近等强度，使用寿命长。下面讨论转轴的结构：

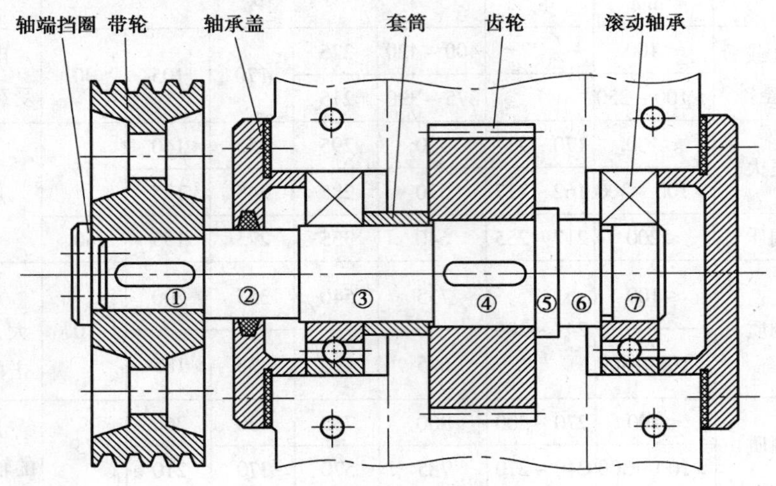

图 3.8　减速器的主动轴

如图 3.8 所示为一减速器的主动轴。轴与传动零件配合部分①、④称为轴头；轴与轴承配合的部分③、⑦称为轴颈。

(1) 轴上零件的定位与固定

1) 轴上零件的轴向定位与固定

轴上零件的轴向定位与固定是保证零件有确定的位置和防止它作轴向移动，有些还承受轴向力。常用的轴向定位方法有轴肩、轴环、套筒、圆螺母、弹性挡圈及轴端挡圈等。

轴上零件的轴向定位方式主要是轴肩和套筒定位。阶梯轴上截面变化处称为轴肩，起轴向定位作用。在图 3.8 中，④、⑤间的轴肩使齿轮在轴上定位；①、②间的轴肩使带轮定位；⑥、⑦间的轴肩使右端滚动轴承定位。有些零件依靠套筒定位，如图 3.8 中的左端滚动轴承。

用圆螺母定位也可承受较大的轴向力，但因有螺纹会引起大的应力集中，所以一般用在轴的端部，如图 3.9 所示。弹性挡圈(见图 3.10)和轴端挡圈(见图 3.11)也可起到轴向定位和固定作用，但只能承受较小的轴向力。

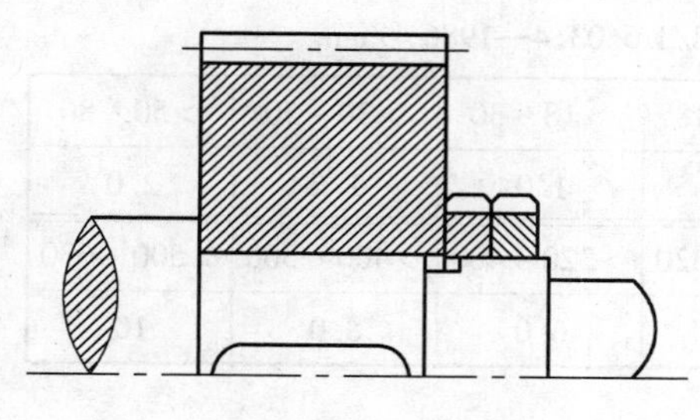

图3.9　圆螺母固定

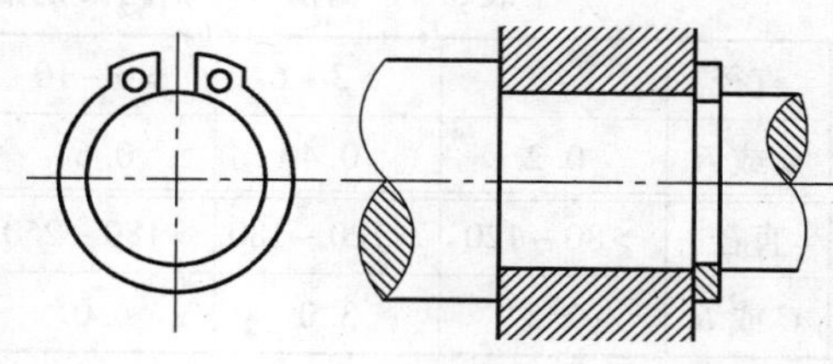

图3.10　弹性挡圈固定

2）轴上零件的周向定位与固定

为防止轴与轴上零件产生相对转动，更好地传递运动和动力，轴上零件必须有可靠的周向固定。

轴上零件的周向固定，大多采用键、花键或过盈配合等联接形式。采用键联接时，为加工方便，各轴段的键槽应设计在同一加工直线上，并应尽可能采用同一规格的键槽截面尺寸，如图3.12所示。

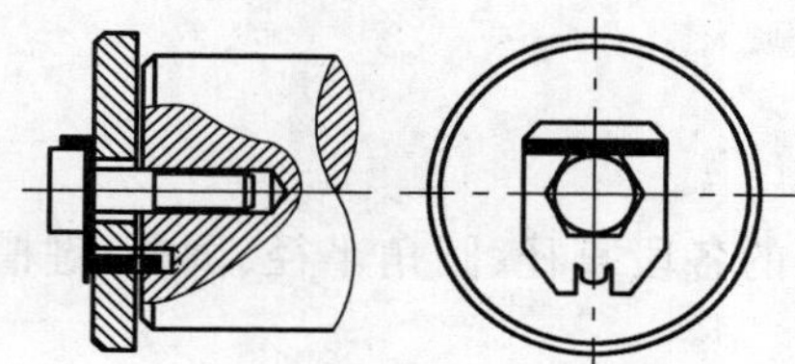

图3.11　轴端挡圈固定

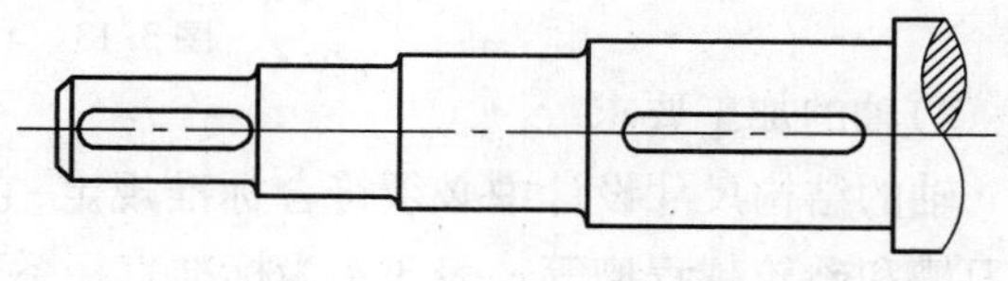

图3.12　键槽在同一加工直线

（2）轴结构的工艺性

轴的工艺性主要包括以下两个方面：

1）便于轴上零件的装拆

轴的结构形状应便于轴上零件的装拆，因此轴端应加工出倒角。轴上截面尺寸变化处，应加工为圆角，以减少应力集中。倒角和圆角有关尺寸见表3.2和表3.3。过盈配合的轴端通常在装入端加工出导向锥面，如图3.13所示。

表3.2　倒圆、倒角形式及尺寸系列（GB/T 6403.4—1986）/mm

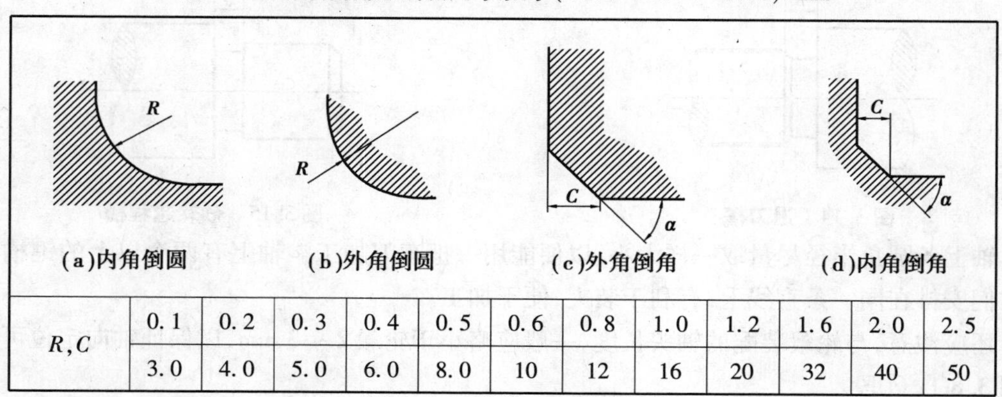

(a)内角倒圆　(b)外角倒圆　(c)外角倒角　(d)内角倒角

R,C												
R,C	0.1	0.2	0.3	0.4	0.5	0.6	0.8	1.0	1.2	1.6	2.0	2.5
	3.0	4.0	5.0	6.0	8.0	10	12	16	20	32	40	50

表 3.3　倒角 C 与倒圆 R 的推荐值（GB/T 6403.4—1986）/mm

直径	-3	>3~6	>6~10	>10~18	>18~30	>30~50	>50~80
C 或 R	0.2	0.4	0.6	0.8	1.0	1.6	2.0
直径	>80~120	>120~180	>180~250	>250~320	>320~400	>400~500	>500~630
C 或 R	2.5	3.0	4.0	5.0	6.0	8.0	10

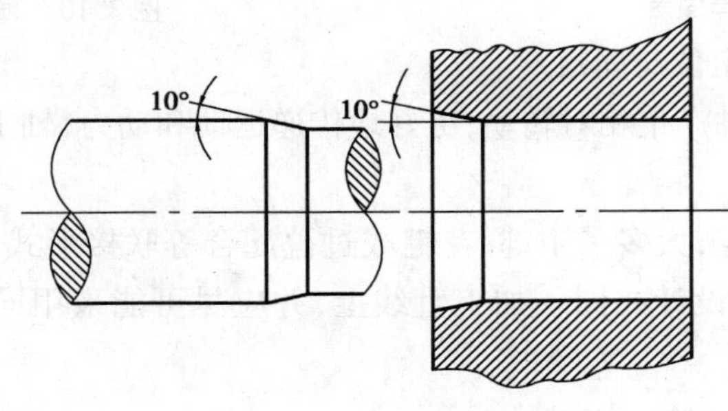

图 3.13　导向锥面

2）轴的加工要求

轴的结构尺寸设计中必须符合标准规定，它包括轴的各段直径、圆角半径、倒角、键槽、退刀槽和砂轮越程槽等。表 3.4 为标准直径系列。

表 3.4　标准直径系列/mm

12	13	14	15	16	17	18	19	20	21	22	24
25	26	28	30	32	34	36	38	40	42	45	48
50	53	56	60	63	67	71	75	80	85	90	95
100											

轴上需切制螺纹时，应设有退刀槽，如图 3.14 所示；轴上需要磨削的轴段，如安装滚动轴承的轴颈处，应留有砂轮越程槽，否则轴肩附近磨削不上，如图 3.15 所示。

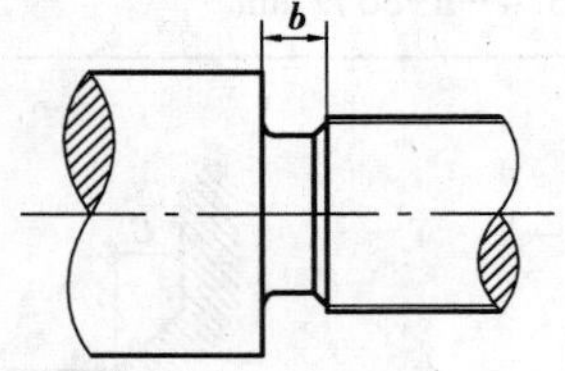

图 3.14　退刀槽

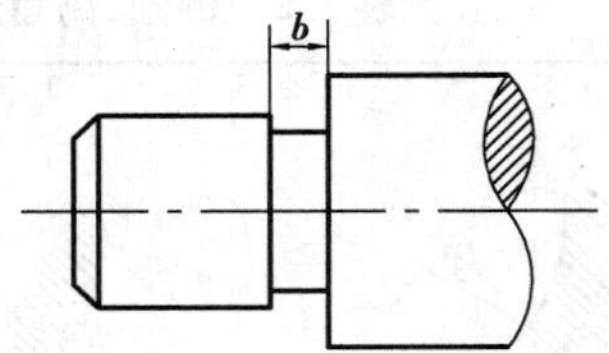

图 3.15　砂轮越程槽

轴上各圆角半径尽量取一样大小，以便能用一把车刀加工。轴上有两个以上的键槽，应将它们安排在同一条直线上，有利于装夹，便于加工。

还应注意，与轮毂装配的轴头长度，一般应略小于轮毂 2 ~ 3 mm，以保证轴向定位可靠，见图 3.8①、④段。

3.1.3　轴的强度计算

强度是保证轴正常工作的重要依据。对于一般常用设备的轴，当其强度足够时，刚度也会符合要求。设计轴时，是按强度条件初步定出轴径的最小值，然后根据结构和工艺性的要求再确定各段轴的直径。

(1)按扭矩计算轴的直径

传动轴是按扭矩进行强度计算。转轴是受扭矩和弯矩同时作用的轴，作用的最大弯矩是和其所在的截面载荷作用位置及轴承安装位置等因素有关，而这些因素不能事先确定，弯矩无法计算。因此设计转轴时，先根据扭矩初步估算出轴的直径，将弯矩的影响用降低许用扭转剪应力的方法来进行。实心圆截面轴的强度条件为

$$\tau_0 = \frac{T}{W_T} \leqslant [\tau_T] \tag{3.1}$$

式中　τ_0——轴的横截面上的扭转剪应力，MPa；

T——轴受的扭矩，$T = 9.55 \times 10^6 \times \frac{P}{n}$，N·mm；

W_T——抗扭截面系数，mm^3，$W_T \approx 0.2d^3$；

P——轴传递的功率，kW；

n——轴的转速，r/min；

d——轴的直径，mm；

$[\tau_0]$——轴材料的许用剪应力，MPa。

轴材料选定后，其为$[\tau_T]$为已知，则得到用于估算轴直径的公式为

$$d \geqslant \sqrt[3]{\frac{9.55 \times 10^6}{0.2[\tau_0]} \frac{P}{n}} = C\sqrt[3]{\frac{P}{n}} \quad \text{mm} \tag{3.2}$$

由表3.5中可查到许用剪应力$[\tau_0]$和常数C的数值。查表时，须注意表下的说明。

表3.5　常用材料的$[\tau_0]$值和C值

轴的材料	Q235,20	35	45	40Cr,35SiMn
$[\tau_0]$(MPa)	12~20	20~30	30~40	40~52
C	160~135	135~118	118~107	107~98

注：当作用在轴上的弯矩比扭矩小或只受扭矩时，C取较小值；否则，C取较大值。

C是已考虑弯曲影响与许用剪应力有关的系数。

式(3.2)计算值为轴的最小直径，当轴上有键槽时会削弱轴的强度。当$d \geqslant 100$时，轴上有一个键槽时，需将轴径加大3%，同一截面有两个键槽时，需将轴径加大7%；当轴径$d < 100$时，有1个键槽，轴径需加大5%~7%，有2个键槽，轴径加大10%~15%。

(2)按弯曲和扭转的组合作用计算轴的直径

轴设计是按扭矩初步计算直径，然后画出轴的结构草图，设计出具体结构尺寸和支点位

置，再进行弯曲和扭转组合作用时的强度计算。实心圆截面轴径的计算公式为

$$d \geqslant \sqrt[3]{\frac{M_{Xd3}}{0.1[\sigma_{-1}]}} \tag{3.3}$$

式中 M_{Xd3}——按第三强度理论计算的当量弯矩，N·mm；

$[\sigma_{-1}]$——许用弯曲应力，MPa。

应用式(3.3)，可求出轴的危险截面的直径，也应考虑到键槽的影响，适当加大轴径。设计时，还要圆整成标准直径(见表3.4)。

当轴的直径确定后，要综合考虑轴上零件的固定，装拆及轴的工艺性，确定出轴的结构。

对于一般的转轴按上述两种方法都可设计。但对重要的轴，如机床主轴，汽轮机轴等还必须进行精确计算，其方法可查阅有关资料。

例3.1 带式给煤机的主动轴传递功率 $P=5$ kW，转速 $n=250$ r/min，轴的材料为45钢，请应用扭转强度条件计算轴的直径。

解 $d \geqslant C\sqrt[3]{\frac{P}{n}}$

查表3.5，因给煤机工作条件差，取 $C=117$，则

$$d \geqslant 117\sqrt[3]{\frac{5}{250}}\ \text{mm} = 32.5\ \text{mm}$$

查表3.4，取标准直径 $d=34$ mm 为该轴的最小直径。

●任务小结

该任务讲述了常用轴的种类、材料和结构及强度计算方法。

①轴是机械设备中最重要的零件之一，作用是支承回转运动的零件和传递运动和转矩。按轴线的形状，可分为直轴、曲轴和钢丝软轴；按所受载荷的不同，可分为心轴、传动轴和转轴；常选用优质碳素结构钢和合金钢结构钢来制造。

②轴上零件常见的轴向定位方法有轴肩、轴环、套筒、圆螺母、弹性挡圈及轴端挡圈等；轴上零件的周向固定大多采用键、花键或过盈配合等联接形式；轴的工艺性主要包括便于轴上零件的装拆和轴的加工要求两方面；常用轴的强度计算包括按扭矩计算轴的直径和按弯曲和扭转的组合作用计算轴的直径两部分。

●知识拓展

轴在载荷作用下，会发生弯曲变形和扭转变形，如果轴的刚度不足，变形量过大，将影响轴上零件的正常工作。如安装齿轮的轴刚度不够，会产生过大的挠度和转角，使轮齿啮合发生偏载，引起轮齿损坏。因此对于有刚度要求的轴，必须进行刚度计算。轴的刚度计算就是算出轴在受载后的扭转变形的扭转角和弯曲变形的挠度 y 及转角 θ，并判断这些变形量是否在允许范围内。

任务3.2　滑动轴承

学习任务

1. 了解滑动轴承的特点、主要结构和应用。
2. 了解滑动轴承的润滑方法。
3. 了解滑动轴承的失效形式、常用材料。

知识学习

在机器中,用来支承轴及轴上零件的部件称为轴承,轴承还有使轴保持一定的旋转精度,减小转轴与支承之间的摩擦与磨损的作用。根据轴承中摩擦性质的不同,可把轴承分为滑动摩擦轴承(简称滑动轴承)和滚动摩擦轴承(简称滚动轴承)两大类。此部分主要介绍滑动轴承的特点、种类与结构,以及常见滑动轴承的失效形式、润滑方法和常用的轴承材料。

3.2.1　滑动轴承的基本知识

(1)滑动轴承的摩擦

滑动轴承工作时,轴承孔和轴径之间的滑动摩擦会使轴承发热和磨损。经过一段时间后,轴径与轴径的间隙加大,对工作极为不利。为了减少发热和磨损,应对轴承工作表面进行润滑。按滑动轴承的润滑和摩擦状态不同,将其分为液体摩擦和非液体摩擦。

1)液体摩擦

用润滑油把轴颈与轴承孔的两摩擦表面由液体油膜分隔开的摩擦,称为液体摩擦,如图3.16(a)所示。这种情况,轴承孔与轴径不直接接触,磨损极小。通常把工作中处于液体摩擦状态的轴承称为液体摩擦滑动轴承。

液体摩擦滑动轴承适用于高速、重载的设备,如汽轮机、水轮机轴承。因其结构复杂成本高一般设备不宜采用。

2)非液体摩擦

当轴径与轴承孔两摩擦表面之间虽有油膜存在,但两者仍有部分直接接触的摩擦,称为非液体摩擦,如图3.16(b)所示。工作中处于非液体摩擦状态的轴承,称为非液体摩擦滑动轴承。本书只讨论非液体摩擦滑动轴承。

非液体摩擦滑动轴承的结构简单,造价低,安装方便。因而广泛应用于一般速度较低的设备上,如小型简易起重机、水泥搅拌机等。

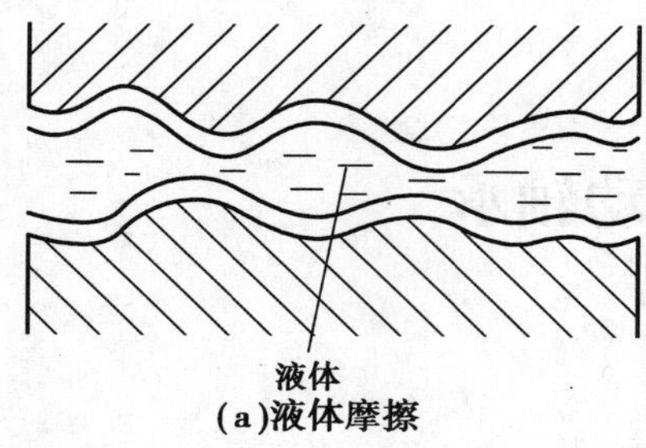

(a)液体摩擦

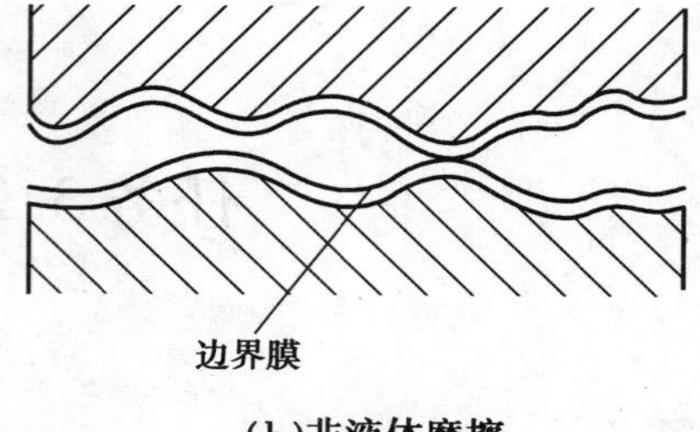

(b)非液体摩擦

图 3.16 摩擦状态

(2)滑动轴承的特点

滑动轴承的主要优点是工作可靠、寿命长、运转平稳、噪声小,承载能力大;液体摩擦滑动轴承适合高速大功率的设备,而非液体摩擦滑动轴承结构简单、价格低,在要求低的设备中应用广泛。

滑动轴承的主要缺点是液体摩擦滑动轴承的设计、制造和润滑要求高,结构复杂,价格高;非液体摩擦滑动轴承的摩擦损失大,磨损严重,易产生磨损和胶合失效。

3.2.2 滑动轴承的种类与结构

(1)滑动轴承的种类

滑动轴承一般由轴承座、轴瓦和润滑装置组成。常用滑动轴承的结构和尺寸已标准化。按滑动轴承能承受的载荷方向,可分为承受径向载荷的径向滑动轴承和承受轴向载荷的推力轴承两大类。

由于推力滑动轴承不如推力滚动轴承使用方便,一般机械都选用推力滚动轴承。本书只讨论应用较多的径向滑动轴承,按其结构形式的不同可分为整体式、对开式、调心式及锥形表面式 4 种。

(2)径向滑动轴承的结构

1)整体式径向滑动轴承

最简单的整体式径向滑动轴承就是在机架或壳体上直接加工出轴承孔,并加装整体式轴瓦。如图 3.17 所示为一典型的整体式径向滑动轴承的结构。它由轴承座、轴瓦和紧定螺钉组成。轴承座是用螺栓固定在机架上,顶部有安装油杯用的螺纹孔。开有油沟的青铜轴瓦被压入轴承座后,用紧定螺钉防止轴瓦松动。这类轴承已标准化。

整体式滑动轴承结构简单,成本低,但轴径与轴承的间隙无法调整,安装不方便。只适用于低速、轻载及间歇工作的机械,如手摇起重机、绞车等。

2)对开式(剖分式)径向滑动轴承

如图 3.18 所示为一典型的对开式径向滑动轴承。这种轴承通常由轴承盖、轴承座、对开式轴瓦及联接螺栓等组成。在轴承盖上安装有润滑油杯,可将润滑剂送到轴径表面。轴承盖和轴承座左右结合处制成凹凸状的配合面,使两者能上下对中和防止横向移动。通常

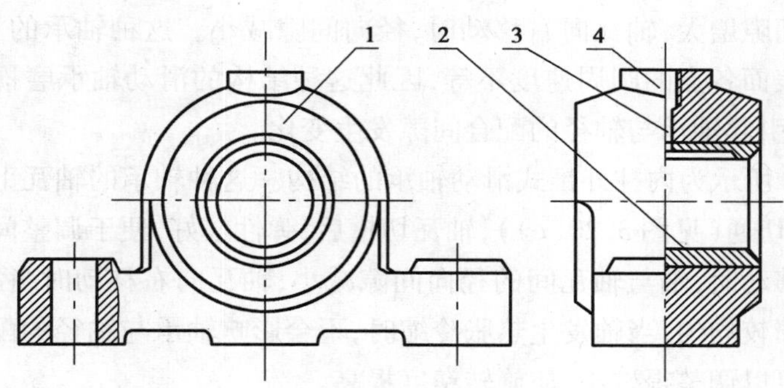

图 3.17　整体式径向滑动轴承

1—轴承座;2—整体式轴瓦(轴套);3—螺纹孔;4—油杯孔

在加工轴承孔的轴承盖和轴承座的剖分面之间留有 0.2 ~ 0.5 mm 的间隙,当轴瓦稍有磨损时,可适当减少放置在轴瓦剖分面上的垫片,并拧紧联接螺栓消除过大的间隙,使轴瓦得到调整。

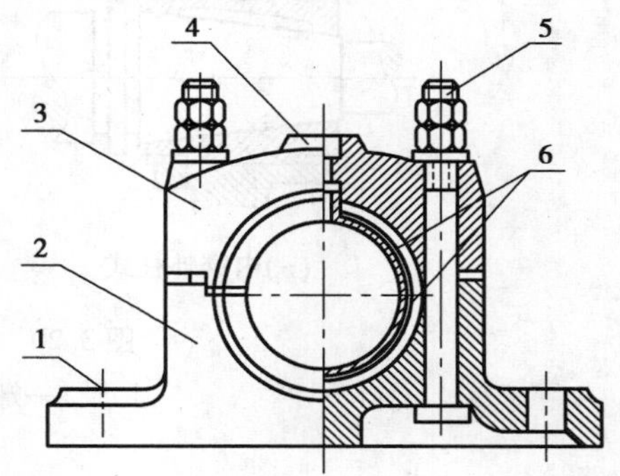

图 3.18　对开式(剖分式)径向滑动轴承

1—螺钉;2—轴承座;3—轴承盖;4—油杯孔;5—联接螺栓;6—剖分式轴瓦

对开式滑动轴承装拆方便,能调整间隙,而且已标准化,故应用广泛。

3)调心式径向滑动轴承

当轴承的宽径比(轴承宽度 B 和孔径 d 的比值)大于 1.5 时,在载荷作用下,由于轴的弯曲变形,或者在安装时不能保证两轴承孔的轴线重合,将引起轴瓦端部边缘严重磨损,这时宜采用调心式轴承,如图 3.19(b)所示。这种轴承的结构是将轴瓦与轴承座和轴承盖的配合表面做成球体,轴瓦可自动调位以适应轴的偏斜。

调心式径向滑动轴承主要用于轴的刚度较小,轴承宽度较大的场合。

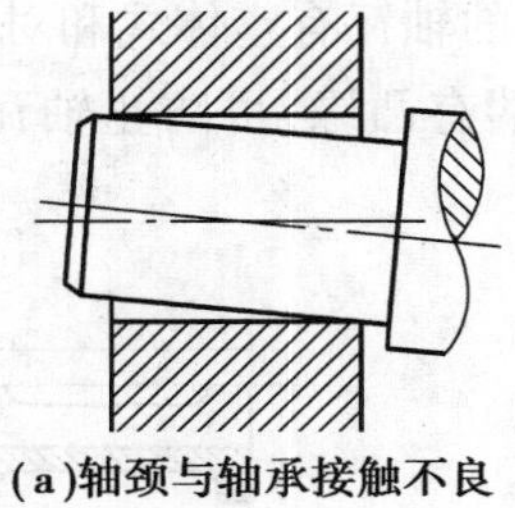

(a)轴颈与轴承接触不良

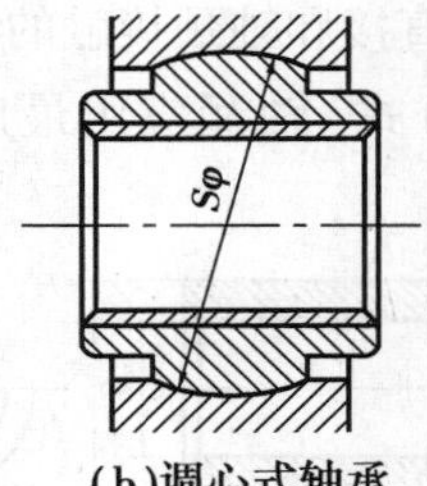

(b)调心式轴承

图 3.19　调心式径向滑动轴承

4)锥形表面径向滑动轴承

锥形表面径向滑动轴承的径向间隙可以调节,它的结构根据轴瓦形状不同,可分内锥外柱式和内柱外锥式两种,如图 3.20 所示。

如图 3.20(a)所示为内锥外柱式滑动轴承的结构。当调整两端螺母使轴瓦左移动时,轴与轴瓦的径向间隙增大；轴瓦向右移动时，径向间隙减小。这种轴承的滑动面是圆锥形，沿轴线方向轴径表面各点的圆周速度不等，因此这种结构的滑动轴承磨损不均匀。当轴发生热胀冷缩时，将引起轴承与轴径的配合间隙发生变化。

如图 3.20(b) 所示为内柱外锥式滑动轴承的结构。这种轴承的轴瓦上对称的切有几条槽，其中一条必须切通（见图 3.20(c)），轴瓦切槽后，弹性较好，便于调整间隙。当调整两端螺母使轴瓦向左移动时，轴与轴瓦间的径向间隙减小；轴瓦向右移动时，径向间隙增大。这种结构的轴承磨损较均匀，当轴发生热胀冷缩时，不会影响轴承与轴径的配合间隙。因此使用时的径向间隙可以调整得较小，使旋转精度提高。

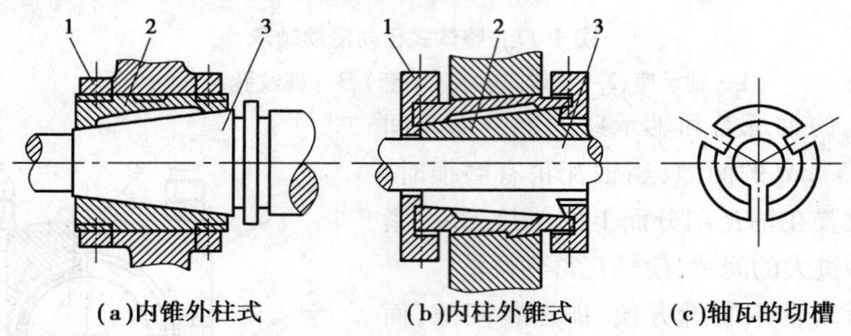

(a)内锥外柱式　(b)内柱外锥式　(c)轴瓦的切槽

图 3.20　锥形表面径向滑动轴承

1—螺母；2—轴瓦；3—轴

3.2.3　轴瓦的结构与材料

轴瓦是轴承中直接与轴径接触的零件，它的结构和材料对轴承的工作情况和寿命起着决定性作用。

(1) 轴瓦的结构

1) 轴瓦和轴承衬

轴瓦是轴承上直接和轴颈接触的零件。常用的轴瓦有整体式和对开式两种，如图 3.21 所示。对开式（剖分式）轴瓦应用最广，它的两端有凸缘，可防止轴瓦在轴承中产生轴向移动。

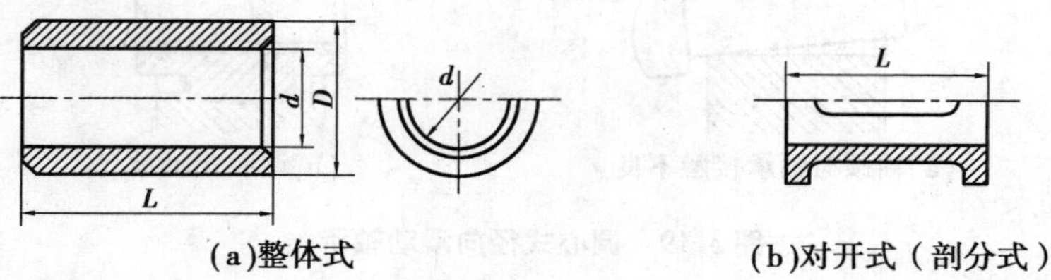

(a)整体式　(b)对开式（剖分式）

图 3.21　轴瓦结构

为了改善和提高轴瓦的承载能力，可在铸铁、钢或青铜轴瓦的表面上浇铸一层减摩性好的金属材料，这层金属材料称为轴承衬或轴衬。这时轴承衬与轴颈直接接触，而轴瓦只起到支承轴承衬的作用。轴承衬的厚度随轴颈直径的增大而加厚，一般为 0.5 ~6 mm。

为了使轴衬与轴瓦贴附牢固，常在轴瓦内表面上制出燕尾形或螺纹形沟槽如图 3.22 所示。沟槽的形式根据轴瓦材料和轴承尺寸具体决定。

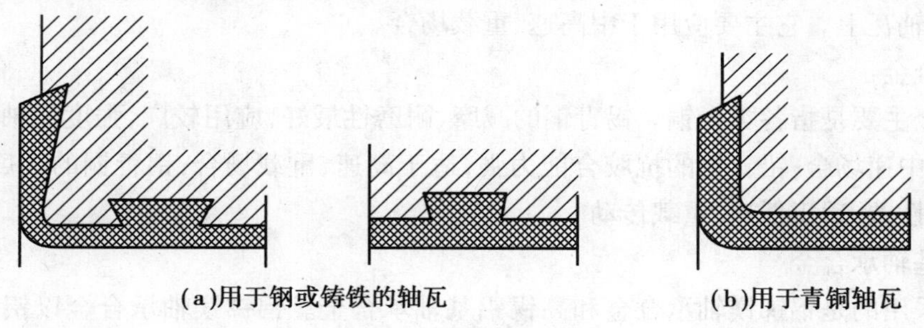

(a)用于钢或铸铁的轴瓦　　(b)用于青铜轴瓦

图 3.22　轴承衬的形式

2）油孔和油沟

要使轴承能正常工作和提高寿命，必须使润滑油能流到轴承的整个工作表面上。因此，应在轴瓦的非承载区上开有各种形式的油孔和油沟如图 3.23 所示。油孔用来供给润滑油，油沟则用来输送和分布润滑油。油孔和油沟相通，油沟长度不应开到轴瓦端部以免漏油，一般取轴瓦宽度的 0.8 倍，以使油沟沿轴向有足够的长度。

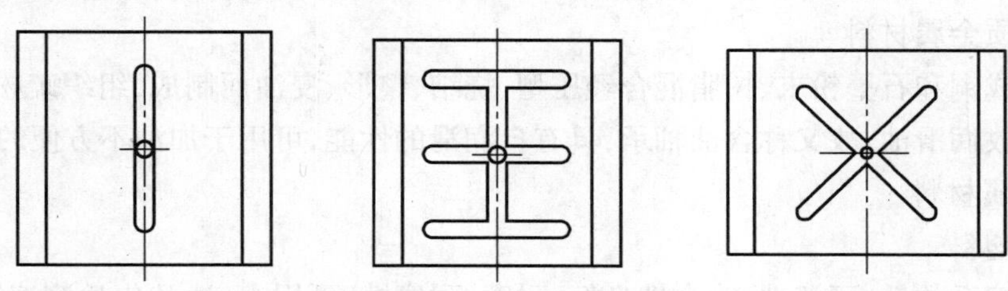

图 3.23　轴瓦上的油孔和油沟

(2) 轴瓦的材料

轴瓦和轴承衬的材料统称为轴承材料。轴瓦和轴承衬与轴颈直接接触，承受载荷，产生摩擦和磨损，因此轴承材料应具备以下特性：

①良好的减摩性、耐磨性和抗胶合性。

②良好的顺应性，嵌入性和磨合性。

③足够的强度和必要的塑性。

④良好的耐腐蚀性、热化学性能（传热性和热膨胀性）和润滑性（对油的吸附能力）。

⑤良好的工艺性和经济性等。

常用的轴承材料有金属材料和非金属材料。

1）金属材料

①轴承合金

轴承合金又称巴氏合金或白合金。由锡（Sn）、铅（Pb）、锑（Sb）、铜（Cu）等组成。锡或铅为基体（软），含有锑锡（Sb-Sn）或铜锡（Cu-Sn）的晶粒（硬），硬晶粒起耐磨作用，软基体则可增加材料的塑性。

轴承合金的嵌入性与摩擦顺应性最好，抗胶合性能好，对油的吸附性强，耐腐蚀性好，容易跑合，是优良的轴承材料。但价格较贵、机械强度较低，只能作为轴承衬材料浇注在钢、铸铁、或青铜轴瓦上。它主要应用于中高速、重载场合。

②铜合金

铜合金主要是指各类青铜。锡青铜的减摩、耐磨性最好，应用较广，强度比轴承合金高，适于重载、中速场合；铅青铜的抗胶合能力强，适于高速、重载场合；铝青铜的强度及硬度较高，抗胶合性差，适于低速、重载传动。

③铝基轴承合金

目前采用的是铝锑镁轴承合金和高锡铝基轴承合金。铝锑镁轴承合金以铝为基，加入锑、镁，改善了合金的塑性和韧性，提高了屈服点，目前这种合金已大量应用于低速柴油机等的轴承上；高锡铝基轴承合金以铝为基，加入了锡和铜使得轴承合金具有高的抗疲劳强度，良好的耐热、耐磨和抗腐蚀性。这种合金已在汽车、拖拉机、内燃机车上推广使用。

④铸铁

常用的有普通灰铸铁、耐磨灰铸铁、球墨铸铁。由于有游离的石墨能有润滑作用一般用于低速轻载、不受冲击载荷场合。

⑤多孔质金属材料

利用铁或铜和石墨粉末、树脂混合经压型、烧结、整形、浸油而制成，组织疏松多孔，孔隙中能大量吸收润滑油，故又称含油轴承，具有自润滑的性能，可用于加油不方便的场合。

2)非金属材料

①工程塑料

具有摩擦系数低、可塑性、跑合性良好、耐磨、耐腐蚀、可用水、油及化学溶液等润滑的优点。但导热性差、膨胀系数大、容易变形。为改善此缺陷，可作为轴承衬黏附在金属轴瓦上使用。

②橡胶轴承

具有较大的弹性，能减轻振动使运转平稳，可用水润滑。常用于潜水泵、沙石清洗机、钻机等有泥沙的场合。

重载、高速或交变载荷作用时，宜采用什么方式润滑轴承呢？

3.2.4 滑动轴承常见的失效形式

(1)滑动轴承常见失效形式

滑动轴承常见失效形式有以下5种：

1)磨粒磨损

进入轴承间隙的硬颗粒有的随轴一起转动,对轴承表面起研磨作用。

2)刮伤

进入轴承间隙的硬颗粒或轴径表面粗糙的微观轮廓尖峰,在轴承表面划出线状伤痕。

3)胶合

当瞬时温升过高,载荷过大,油膜破裂时或供油不足时,轴承表面材料发生黏附和迁移,造成轴承损伤。

4)疲劳剥落

在载荷的反复作用下,轴承表面出现与滑动方向垂直的疲劳裂纹,扩展后造成轴承材料剥落。

5)腐蚀

润滑剂在使用中不断氧化,所生成的酸性物质对轴承材料有腐蚀,材料腐蚀易形成点状剥落。

(2)其他失效形式

其他失效形式如下:

1)气蚀

气流冲蚀零件表面引起的机械磨损。

2)流体侵蚀

流体冲蚀零件表面引起的机械磨损。

3)电侵蚀

电化学或电离作用引起的机械磨损。

4)微动磨损

发生在名义上相对静止,实际上存在循环的微幅相对运动的两个紧密接触的表面上。

●任务小结

该任务讲述了滑动轴承的特点、主要结构、常用材料及常见的润滑方法和失效形式。

①滑动轴承一般由轴承座、轴瓦和润滑装置组成。常用的径向滑动轴承按其结构形式的不同,可分为整体式、对开式、调心式及锥形表面式4种。

②轴瓦是轴承上直接和轴颈接触的零件。常用的轴瓦有整体式和对开式两种。轴瓦和轴承衬的材料统称为轴承材料。常用的轴承材料有轴承合金、铜合金、铝基轴承合金、铸铁、多孔质金属材料、工程塑料及橡胶。

③滑动轴承常见的润滑剂有润滑油、润滑脂和固体润滑剂。常用的润滑方法有油润滑和脂润滑。

④滑动轴承常见失效形式有磨粒磨损、刮伤、胶合、疲劳剥落及腐蚀。

●知识拓展

该任务介绍的非液体摩擦滑动轴承是在边界润滑状态下工作，轴承摩擦表面是处于边界摩擦或混合摩擦状态，其主要失效形式是磨粒磨损和胶合。因此，设计这类轴承的主要要求是使轴承与轴颈之间保持一定的润滑油膜，以防止过度磨粒磨损和轴承温度过高。

由于影响油膜的因素较多，目前还没有完善的计算方法，一般常采用经验公式进行径向滑动轴承的设计计算。

任务 3.3　滚动轴承

学习任务

1. 了解滚动轴承的结构、分类及其应用特点。
2. 熟悉滚动轴承的类型、代号。
*3. 掌握滚动轴承的选择原则。

知识学习

滚动轴承依靠主要元件间滚动接触支承转动零件，与滑动轴承相比，是以滚动摩擦取代了滑动摩擦，具有摩擦阻力小、功率消耗少、启动灵敏、效率高、维护简单等优点，是各类机器中广泛应用的零件。本任务主要介绍了滚动轴承的结构、分类及其应用特点，讲解了滚动轴承的类型和代号及其选择原则。

3.3.1　滚动轴承的结构、分类和特点

(1)滚动轴承的结构

典型的滚动轴承构造如图 3.24 所示。它由内圈、外圈、滚动体及保持架组成。内圈、外圈分别与轴颈及轴承座孔装配在一起。多数情况是内圈随轴回转，外圈不动；但也有外圈回转、内圈不转或内、外围分别按不同转速回转等使用情况。滚动体使相对运动表面间的滑动摩擦变为滚动摩擦。根据不同轴承结构的要求，滚动体有球、圆柱滚子、圆锥滚子及球面滚子等，如图 3.25 所示。

滚动体的大小和数量直接影响轴承的承载能力。在球轴承内、外圈上都有凹槽滚道，它起着降低接触应力和限制滚动体轴向移动的作用。保持架使滚动体等距离分布并减少滚动体间的摩擦和磨损。如果没有保持架，相邻滚动体将直接接触，且相对摩擦速度是表面速度的两倍，发热和磨损都较大。

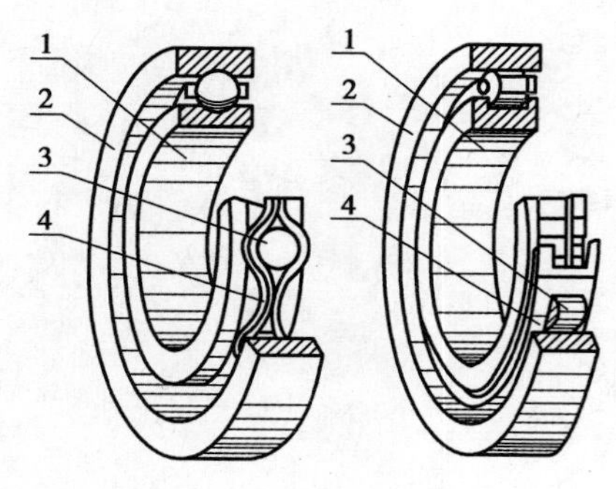

图3.24 滚动轴承构造图

1—内圈;2—外圈;3—滚动体;4—保持架

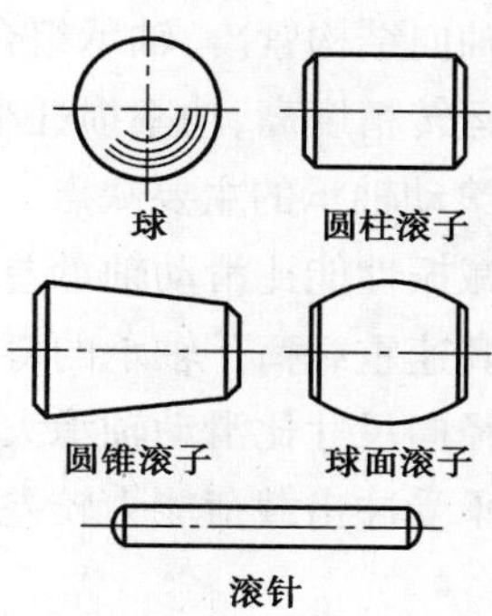

图3.25 滚动体的形状

滚动轴承的内、外圈和滚动体用强度高、耐磨性好的铬锰高碳钢制造,如GCrSi, GCr15SiMn等,淬火后硬度达到61~65 HRC。保持架选用较软材料制造,常用低碳钢板铜合金、铝合金、工程塑料等材料。

(2)滚动轴承的分类

1)按滚动体的形状分类

按滚动体的形状如图3.25所示,可分为球轴承、短圆柱滚子轴承、长圆柱滚子轴承、球面滚子轴承、圆锥滚子轴承和滚针轴承。

2)按滚动轴承能承受的载荷方向分类

按滚动轴承能承受的载荷不同,可将轴承分为向心轴承,推力轴承和角接触轴承3类。如图3.26所示滚动体与套圈接触处的公法线与轴承径向平面(垂直于轴承心线的平面)的夹角,称为公称接触角。公称接触角 $\alpha=0°$ 为向心轴承,主要承受径向载荷;公称角 $\alpha=90°$ 为推力轴承,只能承受轴向载荷;当公称接触角 $0°<\alpha<90°$ 时,称为角接触轴承,它可同时承受径向和轴向载荷。接触角越大,承受轴向载荷能力增强,而承受径向载荷的能力减弱。

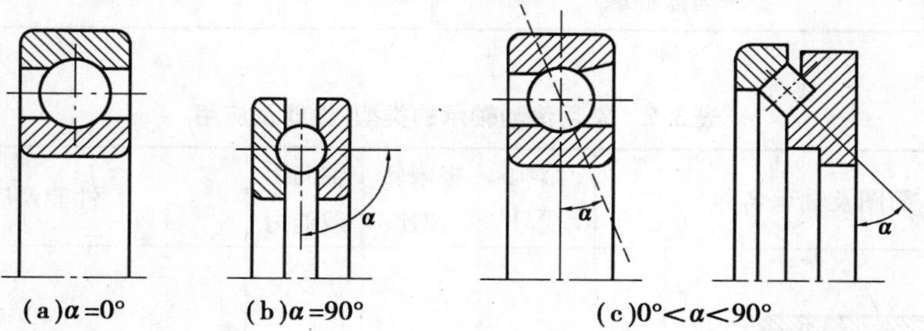

图3.26 公称接触角α

(3)滚动轴承的特点

1)滚动轴承具有的优点

①标准化程度高,成批生产,成本较低。

②启动转矩比滑动轴承小,启动灵活。

③润滑容易,便于密封,易于维护。

④轴向结构紧凑,轴承组合结构较简单。

⑤运转精度高,功率损耗小,效率高。

2)滚动轴承的主要缺点

①减振性能比滑动轴承差,工作时振动和噪声较大。

②高速重载荷下轴承的寿命较低。

③径向尺寸比滑动轴承大。

④承受冲击载荷能力较差。

3.3.2 滚动轴承的类型和代号

(1)滚动轴承的基本类型和特性

按轴承所能承受的载荷力向和滚动体种类,我国标准将滚动轴承分为 12 种基本类(见表 3.6)。常用滚动轴承的类型、性能及应用见表 3.7。

表 3.6 轴承类型代号

代号	轴承类型	代号	轴承类型
0	双列角接触球轴承	7	角接触球轴承
1	调心球轴承	8	推力滚子轴承
2	调心滚子轴承	N	圆柱滚子轴承
3	圆锥滚子轴承	NA	滚针轴承
4	双列深沟球轴承	U	外球面球轴承
5	推力球轴承	L	直线轴承
6	深沟球轴承		

表 3.7 常用滚动轴承的类型、性能及应用

类型代号	简图及轴承名称	结构代号	极限转速比	轴向承载能力	性能及应用
0	双列角接触球轴承		中	较大	能同时受径向和双向轴向载荷。相当于成对安装、背靠背的角接触球轴承(接触角为30°)

续表

类型代号	简图及轴承名称	结构代号	极限转速比	轴向承载能力	性能及应用
1	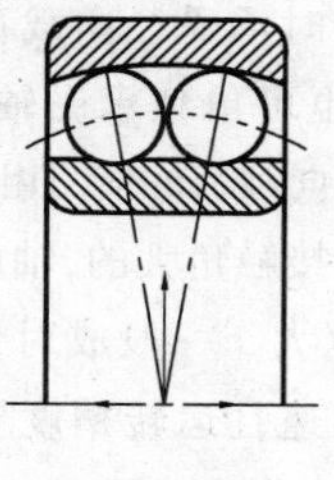 调心球轴承	10000	中	少量	主要承受径向载荷，不宜承受纯轴向载荷。外圈滚道表面是以轴承中点为中心的球面，具有自动调心性能，内、外圈轴线允许偏斜量不大于 2°～3°。适用于多支点轴
2	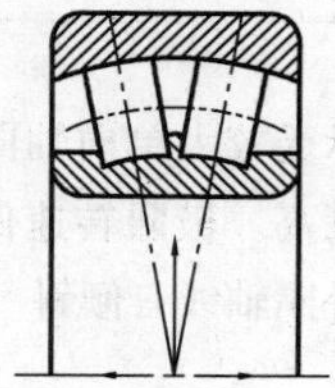 调心滚子轴承	20000	低	少量	主要特点与调心球轴承相近，但具有较大的径向承载能力，内圈对外圈轴线允许偏斜量不大于 1.5°～2.5°
5	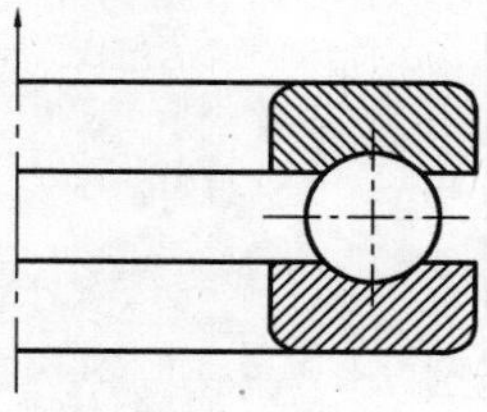 推力球轴承	51000	低	只能承受单向的轴向载荷	一般轴承套圈与滚动体是分离的。高速时离心力大，钢球与保持架磨损，发热严重，寿命降低，故极限转速很低。推力球轴承只能承受单向轴向载荷，双向推力球轴承能承受双向轴向载荷。适用于轴向载荷较大、轴承转速较低的场合
	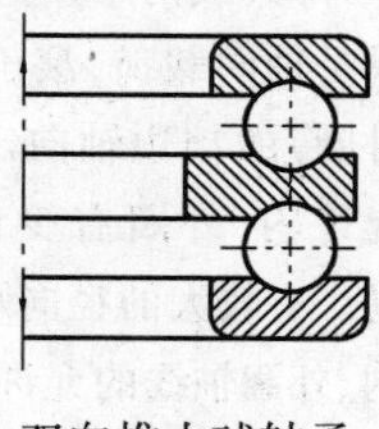 双向推力球轴承	52000	低	能承受双向的轴向载荷	
6	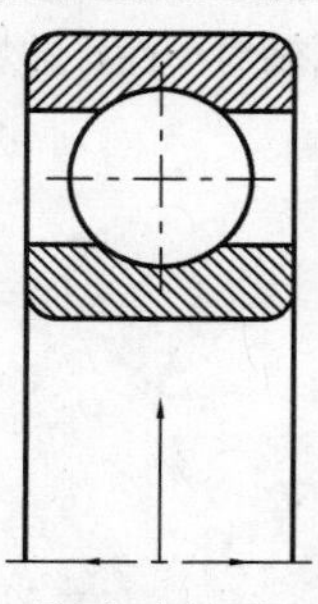 深沟球轴承	60000	高	少量	主要承受径向载荷，也可同时承受小的轴向载荷。工作中允许内、外圈轴线偏斜量不大于 8′～16′。大量生产，价格最低。应用广泛，特别适用于高速场合

续表

类型代号	简图及轴承名称	结构代号	极限转速比	轴向承载能力	性能及应用
7	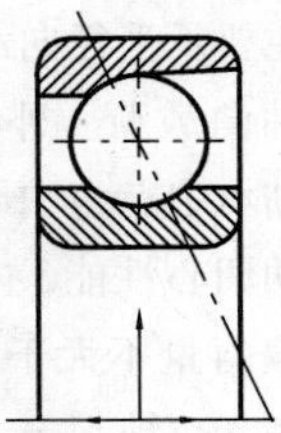 角接触球轴承	70000C $\alpha=15°$	高	一般	可同时承受径向载荷及轴向载荷，也可单独承受轴向载荷。承受轴向载荷的能力由接触角 α 决定。接触角大的，轴向承载的能力也大。一般成对使用。适用于高速且运转精度要求较高的场合工作
		70000AC $\alpha=25°$		较大	
		70000B $\alpha=40°$		更大	
8	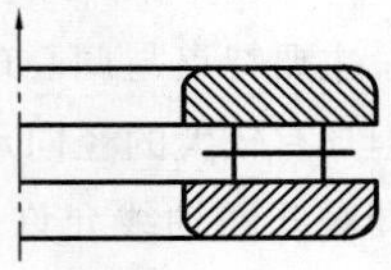 推力圆柱滚子轴承	80000	低	承受单向轴向载荷	能承受较大单向轴向载荷，轴向刚度高。极限转速低，不允许轴与外圈轴线有倾斜
N	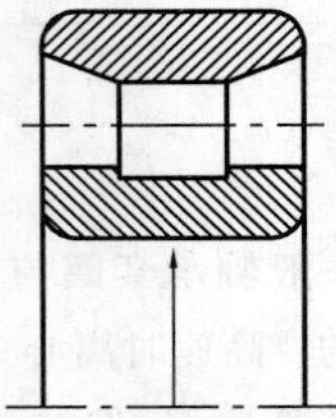 圆柱滚子轴承（外圈无挡边）	N0000	高	无	外圈（或内圈）可分离，故不能承受轴向载荷，滚子由内圈（或外圈）的挡边轴向定位，工作时允许内、外圈有少量的轴向错动。有较大的径向承载能力，但内、外圈轴线的允许偏斜量很小（2′～4′）。适用于径向载荷较大，轴对中性好的场合
	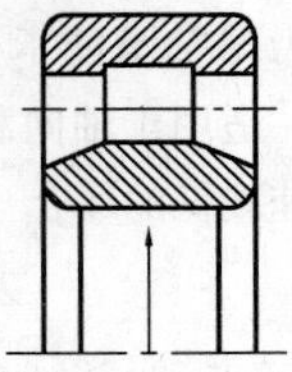 圆柱滚子轴承（内圈无挡边）	NU0000			
	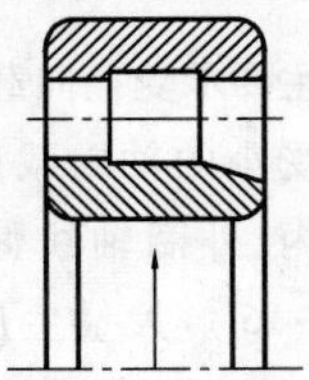 圆柱滚子轴承（内圈有单挡边）	NJ0000		少量	

在各种类型的轴承中，哪种轴承不能承受轴向载荷？

(2)滚动轴承的代号

由于滚动轴承的类型和尺寸繁多，用量巨大，为了便于生产和选用，在国家标准中规定了轴承的代号。代号由字母和数字组成，分为3部分，即前置代号、基本代号和后置代号。

1)基本代号

基本代号表示轴承的基本类型、结构和尺寸，是轴承代号的基础。它由轴承类型代号、尺寸系列代号、内径代号构成，用一组数字或字母表示。其排列顺序和代表的意义如下：

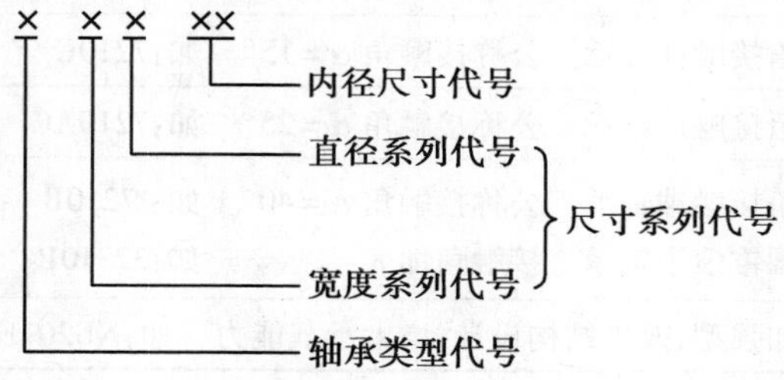

①内径尺寸代号

轴承公称内径为20～480 mm(22,28,32除外)，其代号用公称内径尺寸除以5的商表示在基本代号的右起第一、第二位，若商只有一位，则需在该商数的左边加“0”。

②尺寸系列代号

尺寸系列代号由直径系列代号和轴承的宽(高)度系列代号组合而成，用右起第三、第四位数表示。

直径系列表示为了适应不同承载能力和结构的需要，同一类型和内径的轴承，可有不同大小的滚动体，因而轴承的外径和宽度发生变化，其代号在基本代号的右起第三位，用下列括号中的数字表示：超特轻(7)、超轻(8,9)、特轻(0,1)、轻(2)、中(3)、重(4)等，如图3.27所示。

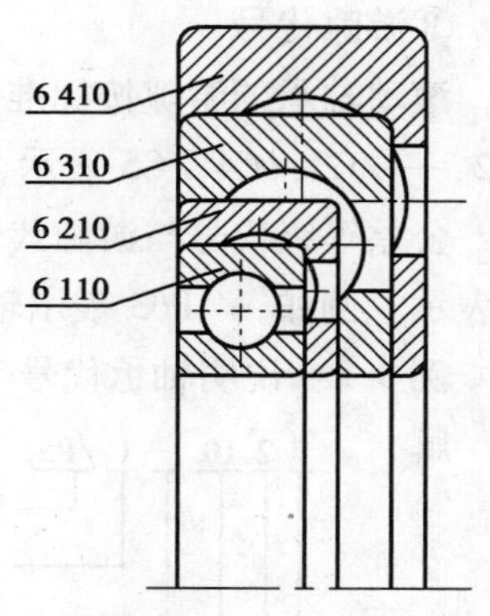

图3.27　直径系列的对比

宽(高)度系列表示同一类型，内外径相同的轴承在宽(高)度上的变化，其代号在基本代号的右起第四位用下列括号中的数字表示：对向心轴承是指宽度的变化，有特窄(8)、窄(0)、正常(1)、宽(2)、特宽(3)等；对推力轴承则指高度的变化，有特低(7)、低(9)，正常系列用数字1或2表示。前者用于单向推力轴承，后者用于双向推力轴承。向心轴承的宽度系列用带括号的0表示时，可省略。

③轴承类型代号

轴承类型代号一般用数字或字母表示在基本代号左起首位，见表3.6。

2)前置、后置代号

前置、后置是轴承在结构形状、尺寸、公差、技术要求等有改变时,在其基本代号左右添加的补充代号。

前置代号在基本代号左面,用字母表示,这些字母(或加数字)分别表示成套轴承的某个分部件,如 L 表示可分离轴承的可分离内圈或外圈等。

后置代号在基本代号右面用字母(或加数字)表示,它包含轴承的内部结构、轴承材料、公差等级、游隙等 8 组内容,具体说明如下:

①内部结构代号

内部结构代号的字母及含义见表 3.8。

表 3.8　内部结构代号

代号	示　例
C	角接触球轴承　公称接触角 $\alpha=15°$　如:7210C
AC	角接触球轴承　公称接触角 $\alpha=25°$　如:7210AC
B	角接触球轴承　公称接触角 $\alpha=40°$　如: 7210B 圆锥滚子轴承　接触角加大　如:32310B
E	加强型,改进结构设计,增大承载能力　如:NU207E

②公差等级代号

滚动轴承的公差等级分为 0 级\、6 级、6X 级、5 级、4 级、2 级共 6 级,其代号分别用/P0,/P6,/P6X,/P5,/P4,/P2 表示,精度依次递增。0 级属标准级,在轴承代号中可省略。

③游隙代号

滚动轴承的游隙按标准分为 1 组、2 组、0 组、3 组、4 组、5 组共 6 组,其代号分别用/C1,/C2,—,/C3,/C4,/C5 表示,游隙数值依次增大(0 组游隙不表示)。

公差等级代号与游隙代号需同时表示时,可进行简化,取公差等级代号加上游隙组号组合表示。例如,/ P63 表示轴承公差等级 P6 级,径向游隙 3 组。

例 3.2　说明轴承代号 7210 C/P5 的意义。

解

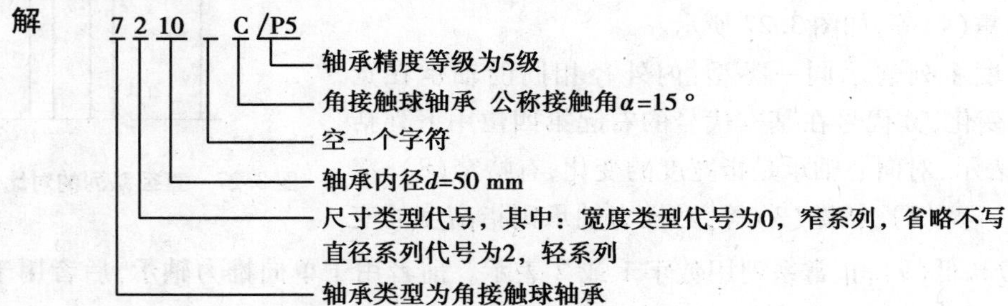

代号为7310的单列圆锥滚子轴承的内径为多少呢?

3.3.3　滚动轴承的类型选择

滚动轴承是标准件,使用时不必另行设计,只需合理地选择轴承的类型和尺寸。滚动轴承的类型选择应考虑的因素很多,通常主要是轴承所承受载荷的大小、方向及工作条件,为了正确选择轴承类型,必须了解轴承各类型的特性及结构,在此基础上再结合轴承的受载情况、转速高低、调心性能及旋转精度要求进行选择。

①当轴的转速高,载荷不大,回转精度要求较高,适合选用球轴承。

②径向载荷和轴向载荷都比较大。当转速比较高时,应采用角接触球轴承;当转速不高时,应采用圆锥滚子轴承。

③当支承刚度要求高时,一般应选用圆柱滚子轴承或圆锥滚子轴承。

④当两个轴承中心位置误差较大,或是多支点时,适合选调心轴承。

⑤经常拆卸或装拆困难的场合,可选用内,外圈分离的轴承,如圆柱滚子轴承,圆锥滚子轴承等。

⑥球轴承价格低于滚子轴承。轴承的精度等级越高,价格越贵。普通级最低,2级最高。不同精度等级轴承的相对价格比为

$$普通级:6级:5级:4级:2级=1:1.8:2.3:7:10$$

在相同精度的轴承中,深沟球轴承价格最低,适用范围广,最常用。

●任务小结

该任务讲述了滚动轴承的结构、分类及其应用特点;常用滚动轴承的类型及代号和滚动轴承的选择原则。

①滚动轴承由内圈、外圈、滚动体及保持架组成。按滚动轴承能承受的载荷不同,可将轴承分为向心轴承、推力轴承和角接触轴承3类。

②本任务的重点是常用滚动轴承的类型及代号。

●知识拓展

当滚动轴承的类型选定后,要确定轴承的尺寸,对不太重要的设备,一般是通过类比和根据结构的要求确定轴承的尺寸。通常首先按轴颈尺寸来确定轴承的内径,然后根据载荷的性质、大小、空间位置等因素通过类比确定外径 D 和宽度 B。对重要设备,则要做校核计算。

小阅读

达尔轴承创业小故事

据北方网报道　挖掘“第一桶金”“第二桶金”时，中小企业最缺钱，同时又最难贷到钱。由于企业小、缺少抵押物，银行担心坏账风险而惜贷。对于一些科技型小企业来说，“找钱”尤其是件难事。这个时候，中小企业应积极亮出自己的“软实力”，寻找专门平台争取支持。

宁波达尔轴承的董事长陈伟庆对记者讲起他的创业故事。2000 年，刚从部队复员的他放弃了到图书馆当馆长的安排，凭积蓄和亲友借款凑齐 50 万元注册资金，创办一家生产替代日本进口轴承的企业。创业前，担心公司没订单；开张后，发现区区 50 万元起步资金根本无法维持公司正常运转。最窘迫时，客户到访，他请吃饭，中途发现连 1 000 元现金都拿不出，只得提前离席躲避付账，餐厅老板追上门来……

“当时我找遍了宁波镇海区内所有的银行，答复都一样：没有抵押，不可能贷款给你。”几乎绝望之中，陈伟庆走进了宁波银行。

当天下午，信贷人员就来实地考察。他们注意到的是：3 个管理人员拼用一张办公桌；车间虽小但生产现场非常整洁，门外几十辆自行车摆得整整齐齐；产品前景看好；创业者拥有高学历，而且不畏辛苦信心十足。几天后，首笔贷款 50 万元如期而至。

由于银行的雪中送炭，2001 年达尔就做了 1 000 多万元的销售额。到现在，陈伟庆已拥有 4 家企业，去年销售额 5 个亿，达尔被当地列为上市后备企业。公司主导产品为 6 系列微小型轴承，其中 608 系列轴承全球市场占有率达到 2/3 以上，在全球精密轴承行业中排名领先。

●思考与练习

一、填空题

1. 轴的作用是____________________。

2. 轴根据其承受载荷的情况不同，可分为________、________和________。

3. 轴根据其轴线的形状，可分为________、________和________。

4. 在轴的选择上，主要承受弯矩，应选________轴；主要承受转矩，应选________轴；既承受弯矩，又承受转矩时，应选________轴。

5. 轴按所受载荷的性质分类，自行车前轴是____________________。

6. 轴上零件的轴向定位方式主要是__________和__________，轴上零件的周向固定，大多采用__________、__________或__________等联接形式。

7. 常选择__________和__________来作轴的材料。

8. 按摩擦状态不同，滑动轴承分为__________和__________两类。

9. 根据轴承与轴颈之间摩擦性质不同，轴承可分为__________轴承和__________轴承两类。

10. 径向滑动轴承按其结构形式的不同,可分为________、________、________及________4 种。

11. 对开式(剖分式)滑动轴承由________、________、________及________等组成。

12. 常用的轴瓦有__________和__________两种。

13. 常用来做轴承的金属材料有________、________、________、________及________。

14. 轴承中常用的润滑剂有__________、__________和__________3 类。

15. 滑动轴承常见失效形式有________、________、________、________及________。

16. 滚动轴承的典型结构由________、________、________及________4 部分组成。

17. 按滚动轴承能承受的载荷不同,可将轴承分为________、________和__________3 类。

18. 滚动轴承的代号由字母和数字组成,分为 3 部分,即__________、__________和__________。

19. 轴承代号 7208AC 中的 AC 表示____________。

20. 滚动轴承代号 6208 中,6 是指__________,2 是指__________,08 是指__________。

二、判断题

1. 只承受弯矩而不受扭矩的轴,称为心轴。（　）

2. 仅传递扭矩的轴是转轴。（　）

3. 曲轴的轴线都是曲线。（　）

4. 轴端挡圈固定只适用于受轴向力不大的轴端固定。（　）

5. 滑动轴承都有轴瓦。（　）

6. 轴瓦与轴承座之间是不允许有相对移动的。（　）

7. 一般应使轴颈的耐磨性和硬度大于轴瓦。（　）

8. 低速重载下工作的滑动轴承应选用黏度较高的润滑油。（　）

9. 油环润滑适用于轴在任何转速下的轴承。（　）

10. 滚动轴承的外圈与轴承座孔的配合采用基孔制。（　）

11. 选用调心轴承时,必须在轴的两端成对使用。（　）

12. 滚动轴承的噪声和振动大于滑动轴承。（　）

13. 角接触球轴承 7208B 较 7208C 轴向承载能力大,这是因为接触角小。（　）

三、简答题

1. 试写出 7208 轴承的类型,直径系列和公称内径。

2. 试分析滚动轴承的优缺点。

3. 试述如何选择滚动轴承。

第 4 单元

联接部分

●单元概述

本单元主要介绍键、销及其联接的类型、应用特点及标记；螺纹联接的形式、应用特点及标记；联轴器、离合器功用及其类型；弹簧的特点及应用。通过对内容的学习，完成对联接件的正确选用。

●能力目标

了解各联接方式的类型，熟悉各联接形式的标记方法和应用特点，能掌握常见联接方式及联接件的正确选择。

任务4.1　键、销联接

学习任务

1. 了解键、销联接的类型及平键的标记。
2. 能根据工作需要正确使用键、销联接。

知识学习

在机械传动的轴、孔联接中，键与销联接应用较广泛，键、销联接具有结构简单、联接可靠、加工容易、装拆方便、成本低廉等优点，在各种机械传动中被普遍采用。

4.1.1　键及其联接

常见的键联接主要用来实现轴和轴上零件的周向和轴向固定，并传递运动和转矩，如图4.1所示。但有的键联接还能实现轴上零件的轴向固定或轴向移动。

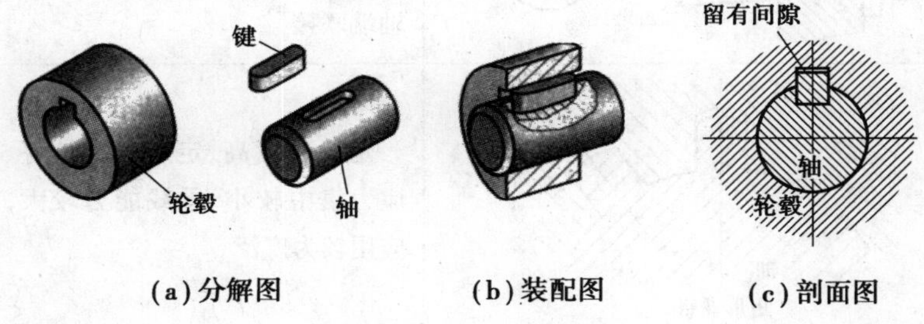

图4.1　键联接示意图

(1)键联接的类型和特点

键联接的分类如下：

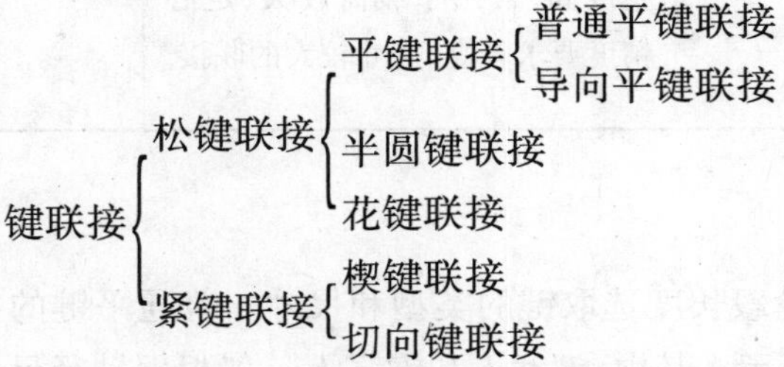

松键联接应用较为普遍，常用的松键联接及其特点见表4.1。

表 4.1　松键联接及其特点

形式	图　例	特点及说明	
普通平键	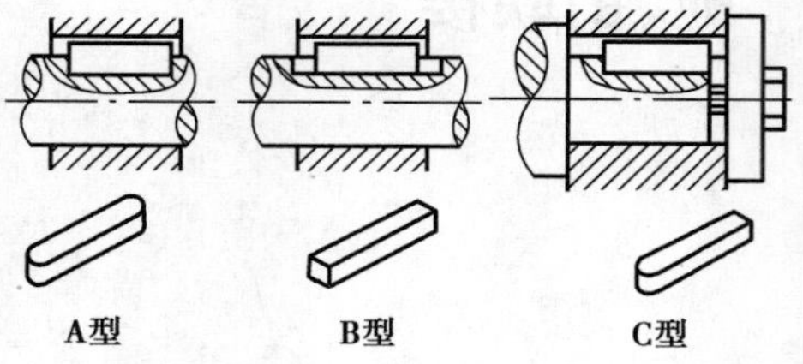 A型　B型　C型	根据键端部形状不同，有 A 型（圆头）、B 型（方头）和 C 型（单圆头）3 种。其中，A 型键在键槽中能获得较好的轴向固定，应用较广；C 型键多用于轴端，适用于高速、高精度和承受变载、冲击的场合	以键的两侧面作为工作面来传递转矩，顶面和轮毂之间有少量间隙，如图4.1(c)所示。结构简单，装拆方便，对中性好，应用广泛
导向平键	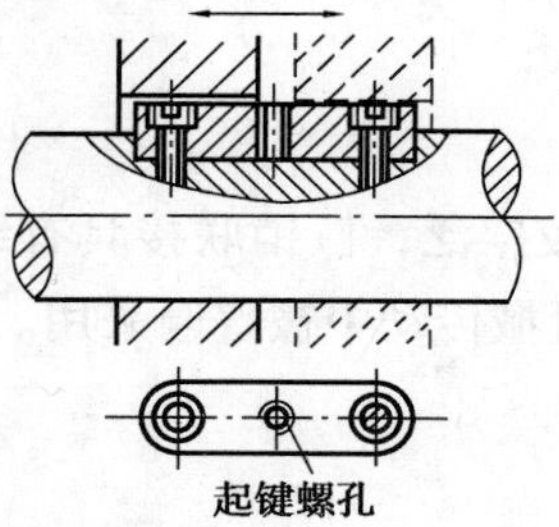 起键螺孔	键与轮毂之间采用间隙配合，能实现轴上零件的轴向移动，并起导向作用 键的长度较长，故需用螺钉固定在轴上。为了拆卸方便，键的中部设有起键螺孔	
半圆键	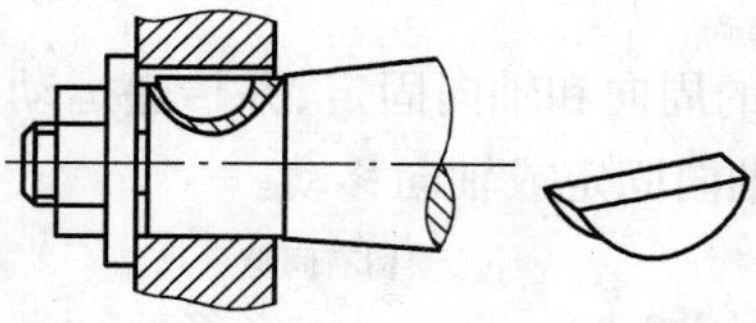	可绕圆弧槽底摆动，安装方便；但键槽较深，对轴的强度削弱较大，一般适用于轻载和锥形轴端联接	
花键	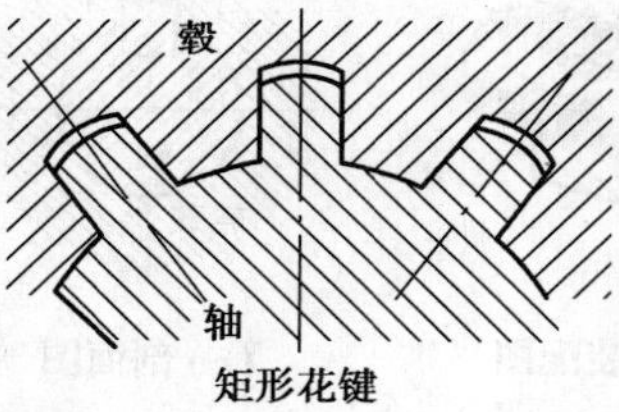 毂　轴　矩形花键	定心精度高、定心稳定性好、应力集中较小、承载能力较大，应用较为广泛	
	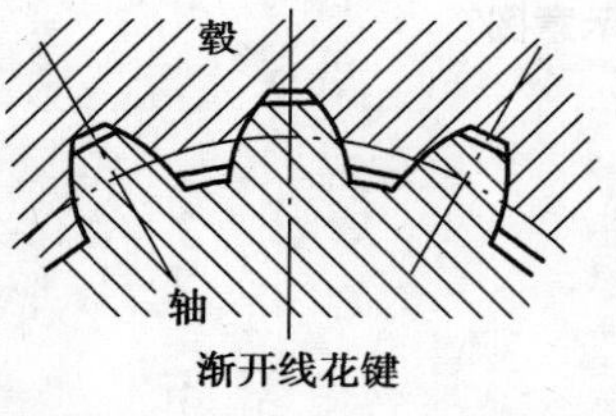 毂　轴　渐开线花键	制造精度较高、齿根强度高、应力集中小、承载能力大、定心精度高，常用于载荷较大、定心精度要求较高、尺寸较大的联接	

(2)平键的选用及标记

平键是标准件，只需根据用途、轴径、轮毂长度选取键的类型和尺寸。普通平键的主要尺寸是键宽 b、键高 h 和键长 L，如图 4.2 所示。其中，键宽 b 和键高 h 一般根据轴径尺寸按标准确定；键长 L 应参照标准中的键长系列值，选取略短于轮毂长度的尺寸。

普通平键的标记形式为

键型　键宽×键长　标准号

标准规定,A 型键的键型可省略不标,而 B 型和 C 型键的键型必须标出。

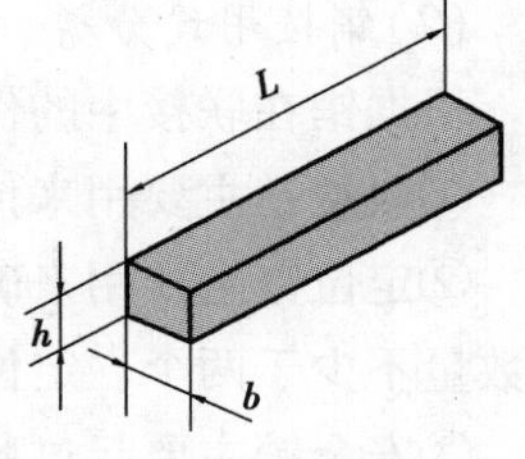

图 4.2　普通平键尺寸

例如:

键　16×100　GB/T 1096—2003:表示键宽为 16 mm,键长为 100 mm 的 A 型普通平键。

键　B18×100　GB/T 1096—2003:表示键宽为 18 mm,键长为 100 mm 的 B 型普通平键。

键　C18×100　GB/T 1096—2003:表示键宽为 18 mm,键长为 100 mm 的 C 型普通平键。

你能说明 A 型普通平键和导向平键间的区别吗?

4.1.2　销及其联接

销联接主要用于固定零件之间的相互位置,并能传递少量载荷,有时还可作为安全装置中的过载剪断元件,对机器的其他重要零、部件起过载保护作用。

(1)销按形状分类

销的形式很多,基本类型有圆柱销和圆锥销两种,其他特殊形式还有开口销、槽销等。销的具体参数已经标准化,常用的圆柱销和圆锥销的形式及应用特点见表 4.2。

表 4.2　常用圆柱销和圆锥销的形式及应用特点

类　型	应用图例	应用特点
圆柱销	F　F　传递横向力　T　传递转矩	利用微量的过盈装配在铰孔中起定位和联接作用。对销孔的尺寸精度、形状精度和表面粗糙度要求都较高。不宜多次拆卸,否则会降低定位精度和联接的紧固性
圆锥销		有 1:50 的锥度,装配方便,定位精度高,适宜于经常装拆的场合,按加工精度不同分为 A,B 两型,A 型精度较高

(2)销按用途分类

根据销在联接中的作用不同,销可分为联接销、定位销和安全销。

①联接销主要用来传递动力或转矩,在工作中承受剪切和挤压作用。

②定位销主要用来确定零件之间的相互位置,在联接中不受载荷或只承受较小载荷,使用数量不少于两个。定位销常用圆锥销,也可用圆柱销,依靠过盈配合固定在孔中。

③安全销主要起过载保护作用,在传递动力或转矩过载时,安全销首先被切断,以保护机器中其他零部件不受损坏。为了确保安全销被剪断而不提前发生挤压破坏,通常可在安全销上加一个销套。

●任务小结

该任务讲述了键联接及其销联接的分类、特点及应用范围。通过本任务的学习,在实际工作中能正确选用键及其销联接。

●知识拓展

紧键联接有楔键和切向键两种。

(1)楔键

楔键联接能在轴上作轴向固定,可承受不大的单方向轴向力,键的上下表面为工作面,上表面制成 1∶100 的斜度。根据大端形状楔键联接,可分为如图 4.3 所示的普通楔键联接和钩头楔键联接。这种类型的键在装配时将键打入轴与轮毂之间的键槽内,使它们联接为一整体,从而传递转矩。键与键槽两侧面不接触,为非工作面。

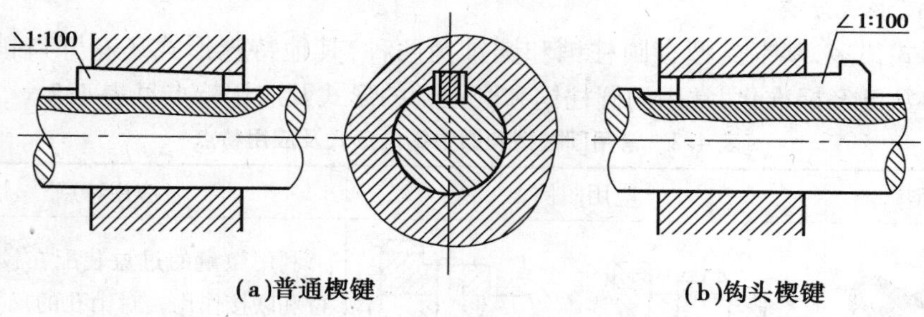

图 4.3　斜键联接

楔键虽能承受不大的单方向的轴向载荷,但对中性差,在冲击和变载下容易松脱,故常用于承受单向载荷,转速低及对中性要求不高的场合。钩头楔键的钩头是供拆卸用,为了避免工作时钩头碰伤人,应加防护罩。

(2)切向键

切向键联接是由一对具有 1∶100 单面斜度的普通斜键沿斜面拼合而成。其上下两工作面互相平行,轴上和轮毂上的键槽没有斜度。装配时,一对键自两边打入,使上下面分别与轴和轮毂上的键槽底面压紧;工作时,主要靠工作面的挤压传递转矩(见图 4.4),一对切向键只能传递单向转矩,若需要传递双向转矩则需装两对互成 120°~135°的切向键。

切向键对轴削弱较严重，且对中性不好，常用于轴径较大($d>60$ mm)，对中性要求不高和传递转矩较大的低速场合。

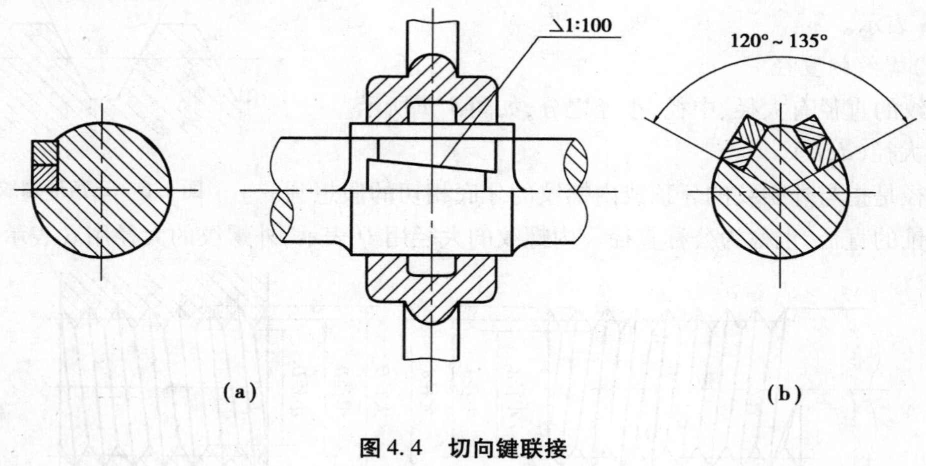

图 4.4　切向键联接

任务 4.2　螺纹联接

学习任务

1. 掌握螺纹的基本要素及类型、特点及应用。
2. 掌握常用的螺纹联接件及联接方式和应用。

知识学习

螺纹是指在零件的圆柱面(或圆锥面)上，沿着螺旋线所形成的，具有规定牙型的连续凸起。所谓螺旋线，就是用一个一直角边长度等于圆柱周长的直角三角形绕圆柱一周，直角三角形的斜边在圆柱面上的轨迹，如图 4.5 所示。螺纹联接是由螺纹联接件(紧固件)与被联接件构成，是一种应用广泛的可拆联接，具有结构简单、装拆方便、联接可靠等特点。

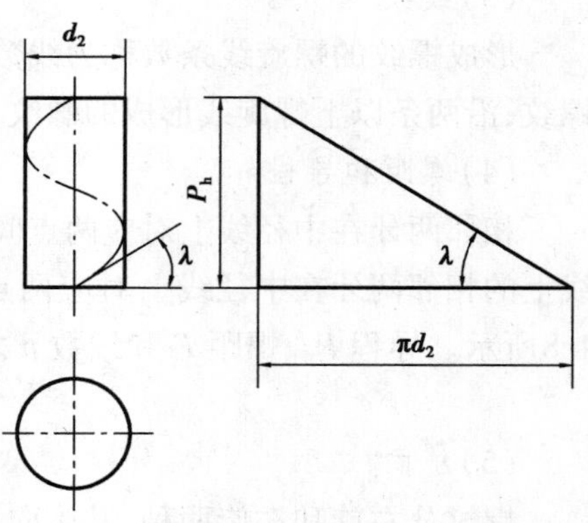

图 4.5　螺旋线的形成

4.2.1　螺纹的基本参数

(1) 牙型

在通过螺纹轴线的剖面上，螺纹的轮廓形状称为螺纹牙型。常见的螺纹牙型有三角形、梯形、锯齿形、矩形及管螺纹等。如图4.6所示的螺纹牙型为三角形。在螺纹牙型上，相邻两个牙型侧面的夹角称为牙型角，用 α 表示。

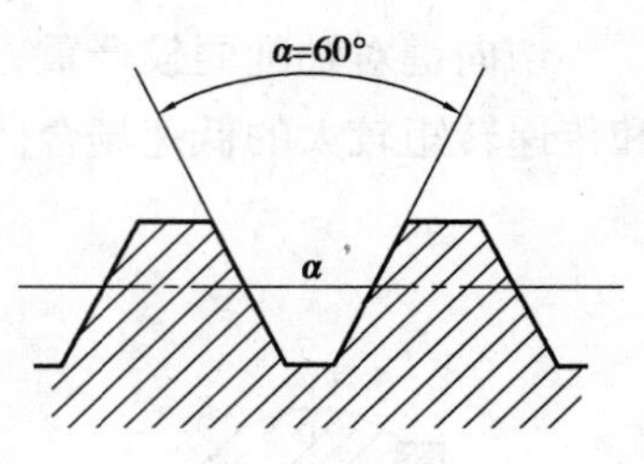

图4.6　三角形螺纹

(2)螺纹的直径

螺纹的直径有大径、中径、小径之分，如图4.7所示。

1)大径(d,D)

大径是指与外螺纹的牙顶或内螺纹的牙底相切的假想圆柱或圆锥的直径，也称为公称直径。内螺纹的大径用 D 表示，外螺纹的大径用 d 表示。

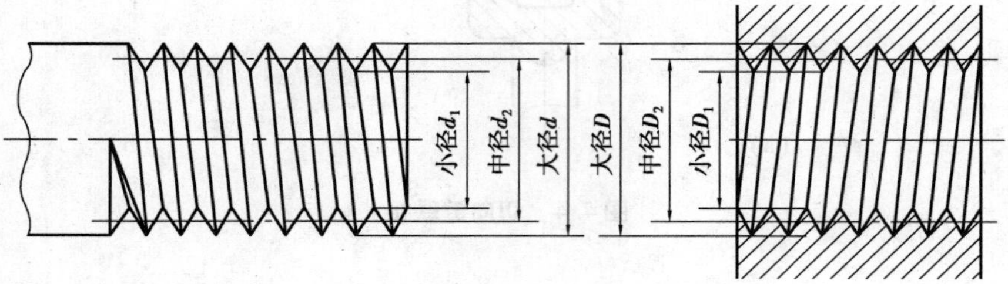

图4.7　螺纹的直径

2)小径(d_1,D_1)

小径是指与外螺纹的牙底或内螺纹的牙顶相切的假想圆柱或圆锥的直径。内螺纹的小径用 D_1 表示，外螺纹的小径用 d_1 表示。

3)中径(d_2,D_2)

中径是指一个假想的圆柱或圆锥直径。该圆柱或圆锥的母线通过牙型上沟槽和凸起宽度相等的地方，内螺纹的中径用 D_2 表示，外螺纹的中径用 d_2 表示。

(3)线数

形成螺纹的螺旋线条数称为线数，用字母 n 表示。沿一条螺旋线形成的螺纹，称为单线螺纹；沿两条以上螺旋线形成的螺纹，称为多线螺纹，如图4.8所示。

(4)螺距和导程

相邻两牙在中径线上对应两点间的轴向距离称为螺距，螺距用字母 P 表示。同一螺旋线上的相邻两牙在中径线上对应两点间的轴向距离称为导程。导程用字母 P_h 表示，如图4.8所示。导程 P_h、螺距 P 和线数 n 之间的关系为

$$P_h = P \times n$$

(5)旋向

螺纹分左旋和右旋两种，其旋向判定方法如下：如图4.9所示，将螺纹的轴线与水平面垂直放置，螺旋线左边较高为左旋螺纹，螺旋线右边较高为右旋螺纹。一般常用右旋螺纹，左旋螺纹只有在特殊情况下采用，通常其代号有标记LH。

(6)螺旋升角

如图4.5所示，在假想的中径圆柱上，螺旋线的切线与垂直于螺纹轴线的平面间的夹角，也可描述为形成螺旋线的直角三角形斜边与底边之间的夹角，用 λ 表示。

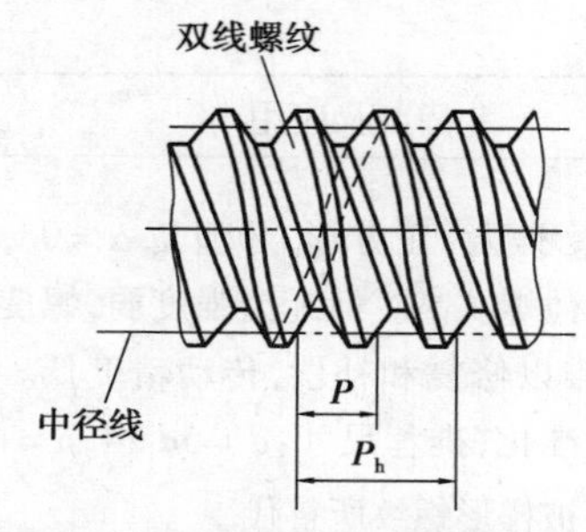

图 4.8　螺纹的线数、螺距及导程

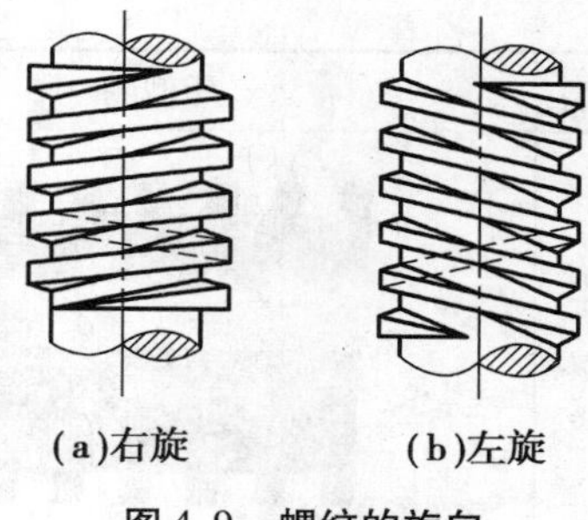

图 4.9　螺纹的旋向

4.2.2　常用螺纹的类型、特点和应用

根据使用要求的不同，螺纹可分为联接螺纹和传动螺纹。其类型、特点和应用见表 4.3。

表 4.3　常用螺纹的类型、特点和应用

螺纹类型		牙型图	特点及应用
联接螺纹	普通螺纹		代号为 M，牙型为三角形，牙型角 $\alpha=60°$，内外螺纹旋合留有径向间隙。外螺纹牙根允许有较大的圆角，以减小应力集中。同一公称直径按螺距大小，可分为粗牙和细牙。细牙螺纹的牙型与粗牙相似，但螺距小，升角小，自锁性好，强度高，牙细不耐磨，容易滑扣 一般联接多用粗牙螺纹，细牙螺纹常用于细小零件、薄壁管件或受冲击、振动和变载荷的联接中，也可作为微调机构的调整螺纹用
	非螺纹密封的管螺纹		代号为 G，牙型为三角形，牙型角 $\alpha=55°$，牙顶有较大的圆角，内外螺旋合后无径向间隙，管螺纹为英制细牙螺纹，尺寸代号为管子的内螺纹大径。适用于管接头、旋塞、阀门及其他附件。若要求联接后具有密封性，可压紧被联接件螺纹副外的密封面，也可在密封面添加密封物
	用螺纹密封的管螺纹		圆锥内螺纹代号为 Rc，圆锥外螺纹代号为 R，圆柱内螺纹代号为 Rp，牙型为等腰三角形，牙型角 $\alpha=55°$，牙顶有较大的圆角，螺纹分布在锥度为 1:16 的圆锥管壁上。它包括圆柱内螺纹与圆柱外螺纹和圆锥内螺纹与圆锥外螺纹两种联接形式。螺纹旋合后，利用本身的变形就可保证联接的紧密型，不需要任何填料，密封简单。适用于管子，管接头，旋塞，阀门和其他螺纹联接的附件

续表

螺纹类型		牙型图	特点及应用
传动螺纹	矩形螺纹		代号为B,牙型为正方形,牙型角 $\alpha=0°$,其传动效率较其他螺纹高。但牙型强度弱,螺旋副磨损后,间隙难以修复和补偿,传动精度低。矩形螺纹尚未标准化,推荐尺寸:$d=5d_1/4$,$p=d_1/4$,目前已逐渐被梯形螺纹所替代
	梯形螺纹		代号为Tr,牙型为等腰三角形,牙型角 $\alpha=30°$,内外螺纹以锥面贴近不易松动。与矩形螺纹相比,传动效率低,但工艺性好,牙根强度高,对中性好。如用部分螺母还可调整间隙。梯形螺纹是最常用的传动螺纹
	锯齿型螺纹		代号为S,牙型为不等腰梯形,工作面的牙侧角30°。外螺纹牙根有较大的圆角,以减小应力集中。内外螺纹旋合后,大径处无间隙,便于对中。这种螺纹兼有矩形螺纹传动效率高,梯形螺纹牙根强度高的特点,但只能用于单向力的螺纹联接或螺旋传动中,如螺旋压力机

4.2.3 常见螺纹的类型代号

(1)普通螺纹代号

普通螺纹代号由螺纹代号、公差带代号和旋合长度代号3部分组成。

1)螺纹代号

由螺纹特征的字母M、公称直径、螺距和旋向组成。但对于粗牙螺纹可省略螺距标注:对右旋螺纹不需注出旋向,左旋用LH表示,例如:

M24:表示公称直径为24 mm的粗牙普通螺纹。

M24×1.5:表示公称直径为24 mm、螺距为1.5 mm的细牙普通螺纹。

M24×1.5LH:表示公称直径为24 mm、螺距为1.5 mm的左旋细牙普通螺纹。

2)公差带代号

公差带代号是由表示公差带大小等级的数字和表示公差带位置的字母所组成。公差带代号包括中径公差带代号与顶径(是指外螺纹大径和内螺纹小径)公差带代号。例如,6H,6g等,其中,“6”为公差等级数字,“H”或“g”为基本偏差代号。

公差带代号标注在螺纹代号之后,中间用“-”分开。如果螺纹的中径公差带代号与和顶径公差带代号不同,则分别标注,前者表示中径公差带,后者表示顶径公差带。如果中径和顶径的公差带代号相同,则只要标注一个代号即可。例如:

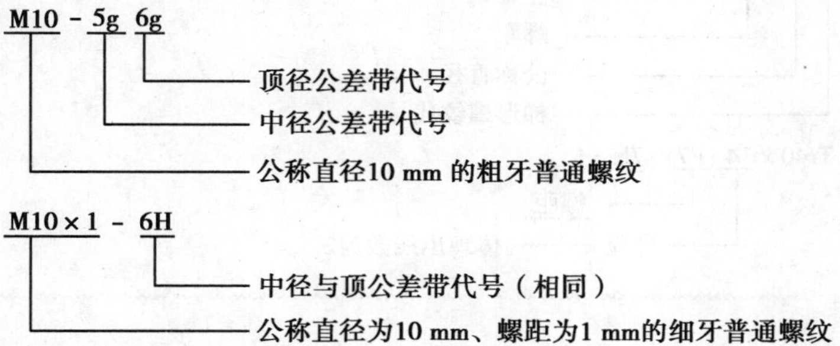

内外螺纹装配在一起,其公差带代号用斜线分开,左边表示内螺纹公差带代号,右边表示外螺纹公差带代号。例如:

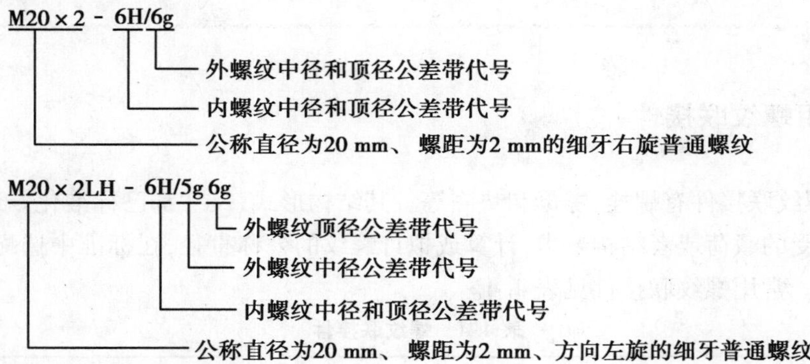

3)旋合长度代号

如图 4.10 所示,螺纹旋合长度是指两个相互配合的螺纹沿螺纹轴线方向相互旋合长度。它可分为短旋合长度 S、中等旋合长度 N(不标注)和长旋合长度 L。

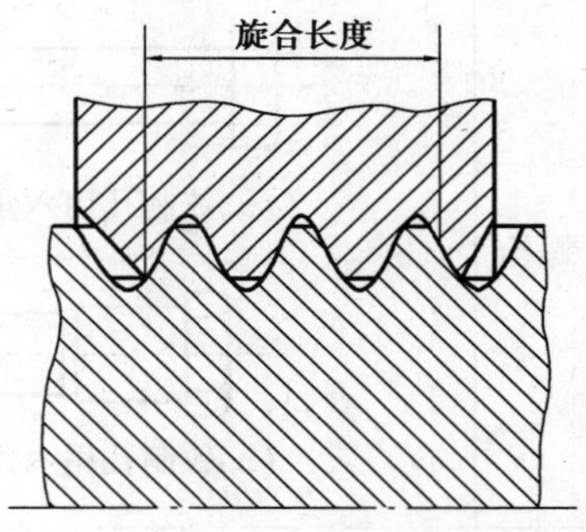

图 4.10　螺纹旋和长度

在一般情况下,不标注螺纹旋合长度,使用时按中等旋合长度确定。必要时,在螺纹公差代号之后,可加注旋合长度代号(S 或 L),中间用“-”分开。特殊需要时,可注明旋合长度的数值。

例如:

M10-5g6g-S　　　M10-7H-L　　　M20-5g6g-40

(2)梯形螺纹标记

梯形螺纹标记与普通螺纹相似,由梯形螺纹代号、公差带代号和旋合长度代号 3 部分组成。例如:

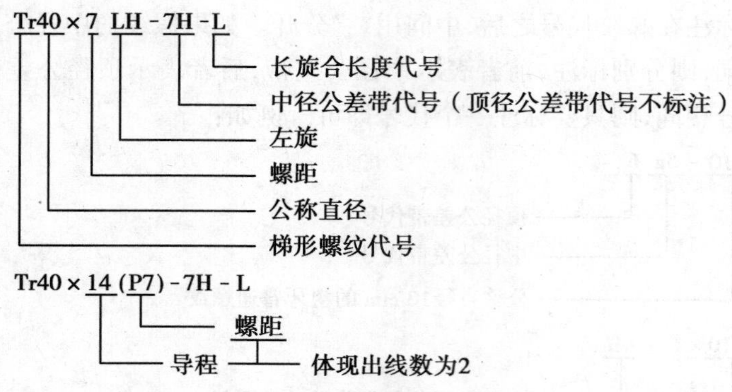

观察我们身边的螺纹联接,并指出其类别。

4.2.4 常用螺纹联接件

常用的螺纹联接件有螺栓、螺母和垫圈等。其结构形式、尺寸都已标准化。通常根据螺栓、螺钉所承受的载荷或者结构要求,计算或拟订螺纹的公称直径,在标准中选配螺母、垫圈的规格、型号。常用螺纹联接件见表 4.4。

表 4.4 螺纹联接件

类型	图 例	结构及应用
螺栓	(a)铰制孔用六角头螺栓 (b)铰制孔用六角头螺栓	螺栓有普通和铰制孔用螺栓。螺栓头部形状多为六角形,有标准六角头和小六角头两种。由冷镦法生产的小六角头螺栓,用料省,生产率高,力学性能好,但由于头部尺寸小,质量轻,不宜用于拆装频繁、被联接件抗压强度较低或易锈蚀的场合
双头螺栓		双头螺栓两端都制有螺纹,两头螺纹长度有相等和不相等两类。旋入被联接件的一头长度由被联接件材料确定;螺纹长度相等的螺柱,用于两头都配以螺母的场合

续表

类型	图　例	结构及应用
螺钉	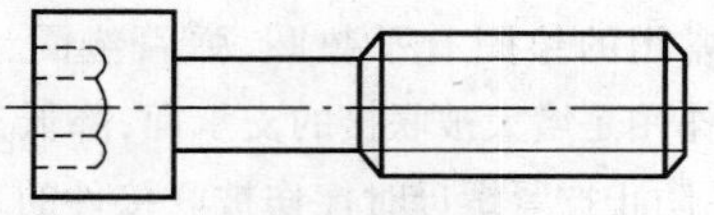 内六角头螺钉 十字槽沉头螺钉 开槽盘头螺钉 开槽头沉头螺钉	螺钉头部形状有内六柱头圆柱头、十字槽头、开槽头等。内六柱头适用于拧紧距离大、联接强度高的场合。十字槽头拧紧时一对中，不易打滑，打秃，易实现自动化装配；开槽头结构简单，适用于拧紧力矩小的场合
紧定螺钉	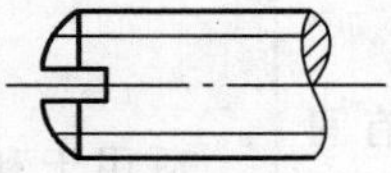 (a)一字槽 　(b)平端 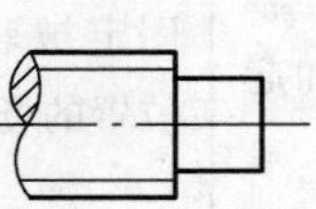 (c)圆柱端 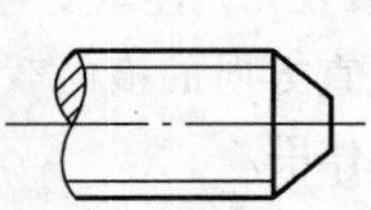　(d)锥端	紧定螺钉用末端顶住被联接件，其末端形状有平端、圆柱端、锥端等。平端螺钉适用于顶紧硬度较大的平面或经常拆卸的场合；圆柱端螺钉不伤被顶表面，多用于经常调节位置的场合；锥端螺钉要求被顶表面有凹坑，紧定可靠，适用于被紧定零件的表面硬度较低或不经常拆卸的场合
螺母	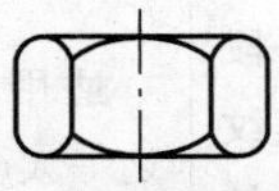 (a)普通六角螺母 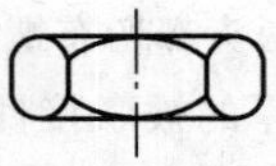　(b)薄螺母  (c)厚螺母 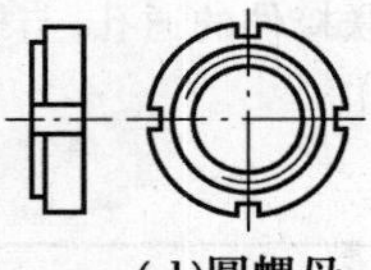　(d)圆螺母	常用的螺母有六角螺母和圆螺母。六角螺母应用较大，根据螺母的厚度不同可分为普通螺母、薄螺母、厚螺母。普通螺母供高能高性能等级的螺栓配用；薄螺母用于高度空间受限制的地方；厚螺母可用于拆装频繁，易磨损的地方

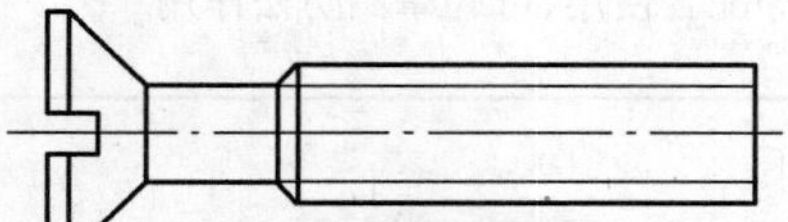

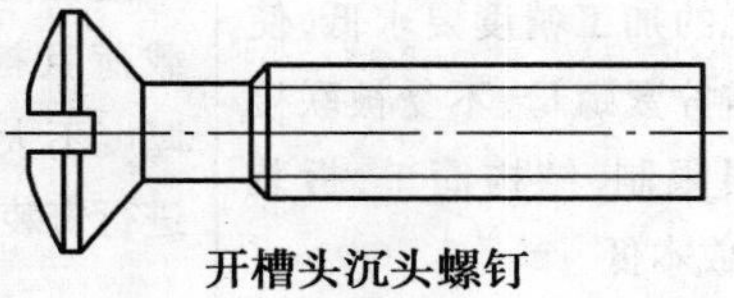

续表

类型	图　例	结构及应用
垫圈	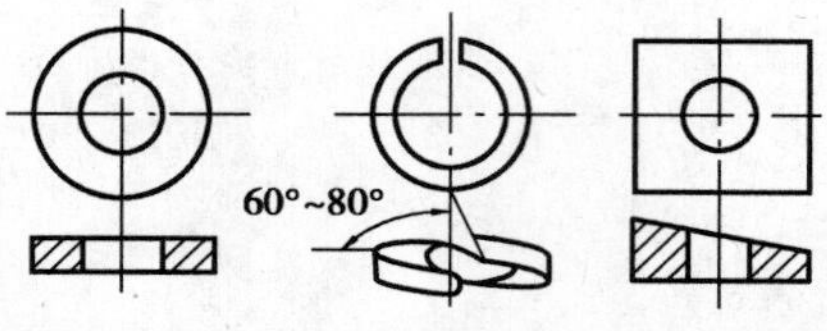 60°~80° (a)平垫　(b)弹簧垫圈　(c)斜垫圈	常用的垫圈有平垫圈、弹簧垫圈、斜垫圈等。其作用是增大被联接的支承面，降低支承面的压强，防止拧紧螺母时擦伤被联接件的表面。平垫圈与螺栓、螺柱、螺钉配合使用，弹簧垫圈与螺母等配合使用，可起摩擦防松作用

螺纹联接、双头螺柱联接、螺钉联接、紧定螺钉联接是螺纹联接的4种基本类型。此外，常用的还有地脚螺钉、吊环螺钉联接和开槽螺钉联接等。常用螺纹联接见表4.5。

表4.5　螺纹联接的类型、结构和应用

类型	结　构	特　点	应　用
普通螺栓联接	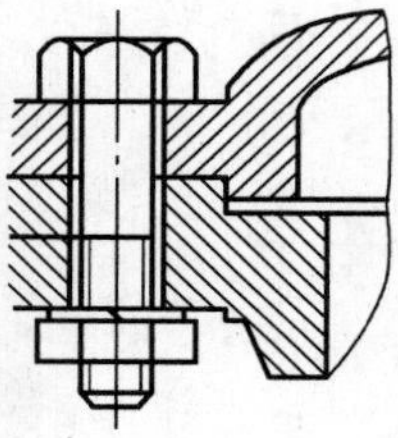	螺栓杆部与孔之间有间隙，杆与孔的加工精度要求低，使用时需拧紧螺母，不受被联接件材料限制，结构简单，拆装方便，成本低	适用于传递轴向载荷且被联接件的厚度不大，能从两边进行安装的场合
铰制孔用螺栓联接	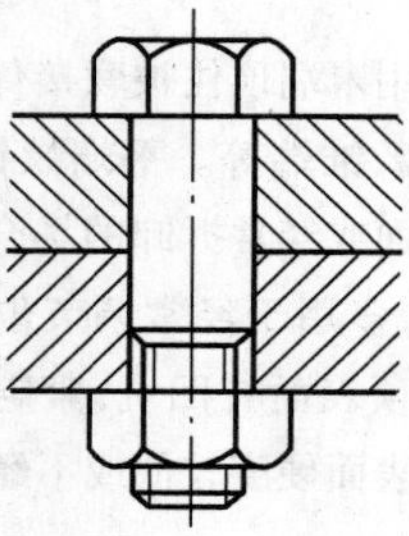	螺栓杆部与孔之间没有间隙，杆与孔的加工精度要求高(孔要铰孔)，能承受与螺栓轴线垂直方向的横向载荷和起定位作用	适用于利用螺栓杆承受横向载荷或固定被联接件相互位置的场合
双头螺柱联接	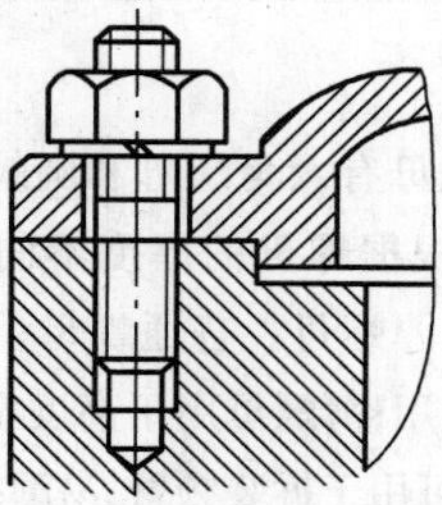	螺柱两头都切有螺纹，一段旋入较厚的被联接件的螺纹的孔中并固定，另一端穿过较薄的被联接件的通孔，与螺母组合使用	适用于被联接件之一太厚不便穿孔、结构要求紧凑或须经常装拆的场合

续表

类型	结　构	特　点	应　用
螺钉联接		螺钉不配螺母，直接拧入被联接件体内的盲孔，结构紧凑	适用于被联接件之一太厚且不宜经常装拆的场合
紧定螺钉联接		紧定螺钉旋入被联接件之一的螺纹孔中，其末端顶住另一个被联接件的表面或相应的凹坑中，末端具备一定的硬度	适用于固定两个零件的相应位置，并传递不大的力和转矩的场合

●任务小结

该任务讲述了各式各样的螺栓、螺钉，它们都是靠螺纹工作的。通过对螺纹、螺纹联接的学习，要会根据工作场合正确选择螺纹联接。

●知识拓展

螺纹除了联接作用之外，还可作为传动螺纹，传递动力。普通螺纹传动又称螺旋传动，是由螺杆和螺母组成的简单螺旋副实现传动的。

(1) 直线运动方向的判定

直线运动方向的判定见表 4.6。

(2) 直线运动距离

普通螺旋传动中，螺杆或螺母移动的距离 L 或移动的速度 V，用公式表示为

$$L(\text{或}\ V) = nP_h$$

式中　L(或 V)——移动的距离，mm(或移动速度，mm/min)；

n——回转的圈数(或转速，r/min)；

P_h——螺纹导程，mm。

表 4.6　螺杆、螺母运动方向的判定

判定方法		
右旋螺纹用右手，左旋螺纹用左手。手握空拳，四指指向与螺杆或螺母的回转方向相同，大拇指竖直所指的方向，即为螺母或螺杆运动的方向		
应用形式	**应用实例**	**移动方向的判定**
螺杆（螺母）回转并移动，螺母（螺杆）不动	右旋螺纹	大拇指指向即为螺杆（螺母）的移动方向
螺杆（螺母）回转，螺母（螺杆）移动	床鞍 丝杠 开合螺母 车床床鞍的螺旋传动	大拇指指向的反方向即为螺母（螺杆）的移动方向

（3）普通螺旋传动的应用形式

普通螺旋传动的应用形式见表 4.7。

表 4.7　普通螺旋传动的应用形式

应用形式	应用实例	工作过程
螺母固定不动，螺杆回转并作直线运动	台虎 1—螺杆；2—活动钳口； 3—固定钳口；4—螺母	螺杆和螺母为右旋螺纹。当螺杆按图示方向相对螺母作回转运动时，螺杆连同活动钳口向右移，与固定钳口实现对工件的夹紧；当螺杆反向旋转时，活动钳口随螺杆左移，松开工件

续表

应用形式	应用实例	工作过程
螺杆固定不动，螺母回转并作直线运动	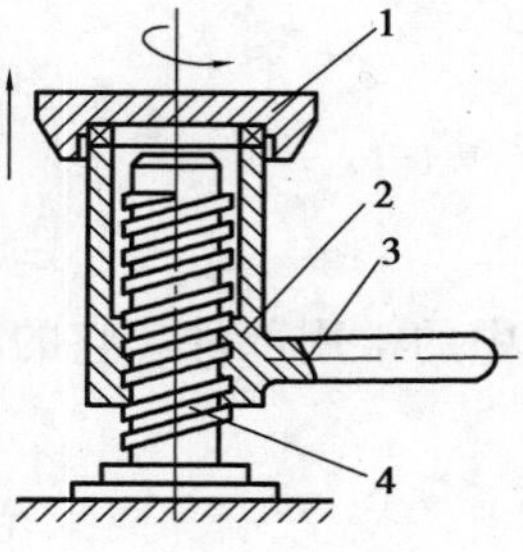 螺旋千斤顶 1—托盘；2—螺母；3—手柄；4—螺杆	螺杆联接于底座上固定不动，转动手柄使螺母回转，并作上升或下降的直线运动，从而举起或放下托盘
螺杆回转，螺母做直线运动	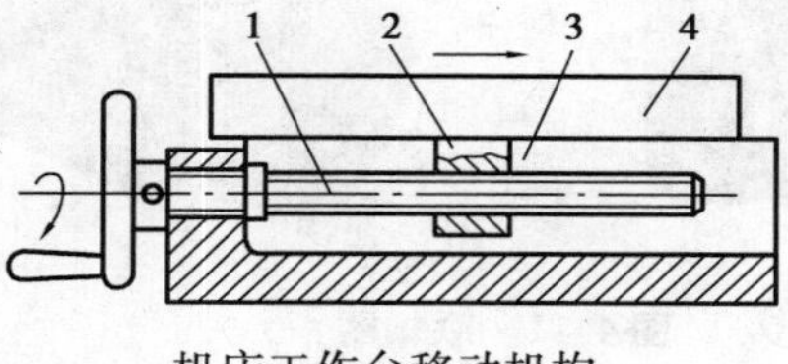 机床工作台移动机构 1—螺杆；2—螺母；3—机架；4—工作台	螺杆和螺母为左旋螺纹。转动手轮，使螺杆按图示方向回转时，螺母带动工作台向右移，反向则向左移
螺母回转，螺杆做直线运动	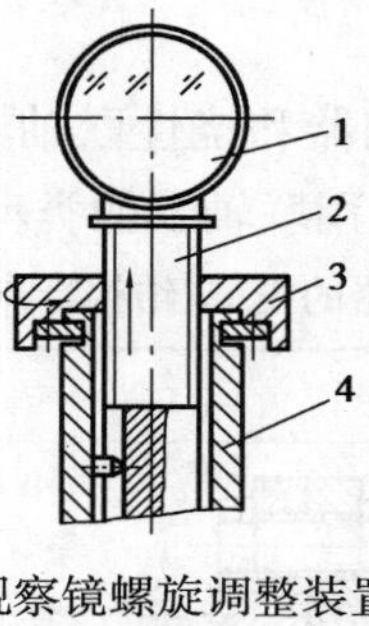 观察镜螺旋调整装置 1—观察镜；2—螺杆；3—螺母；4—机架	螺杆和螺母为左旋螺纹。当螺母按图示方向回转时，螺杆带动观察镜向上移动；螺母反向回转时，则向下移动，从而实现对观察镜的上下调整

任务4.3 联轴器和离合器

学习任务

1. 理解联轴器和离合器功用，熟悉其类型及应用。
2. 正确操作使用联轴器和离合。

知识学习

4.3.1 联轴器

(1)联轴器的作用

如图4.11所示,联轴器是机械传动中的常用部件。它的功用是联接两轴,使其一起转动并传递转矩,有时也可作为安全装置。

图4.11 联轴器

用联轴器联接的两轴在机器工作时不能分离,只有当机器停止运转后,用拆卸的方法才能将它们分开。

(2)联轴器的种类

联轴器根据结构特点,可分为刚性联轴器和挠性联轴器两大类。前者不能补偿两轴的相对位移,后者能补偿两轴的相对位移。常用联轴器的类型、结构特点及应用见表4.8。

表4.8 常用联轴器的类型、结构特点及应用

类型	图示	结构特点及应用
刚性联轴器	凸缘联轴器	利用两个半联轴器上的凸肩与凹槽相嵌合而对中。结构简单,装拆较方便,可传递较大的转矩。适用于两轴对中性好、低速、载荷平稳及经常拆卸的场合
	键联接　销联接	结构简单,对中性好,且径向尺寸较小,但被联接的两轴拆卸时需作轴向移动。销联接结构传递能力较小,可起过载保护作用

续表

类型		图　示	结构特点及应用
挠性联轴器	无弹性元件联轴器	十字头　单节　双节 叉形接头　叉形接头 可伸缩万向联轴器 万向联轴器	适用于两相交轴间的传动，两轴交角可达 40°～45°。传递转矩较大，但传动中将产生附加动载荷，使传动不平稳。一般成对使用，广泛应用于汽车、拖拉机及金属切削机床中
		十字滑块联轴器	可适当补偿安装及运转时两轴间的相对位移，结构简单，尺寸小，但不耐冲击、易磨损。适用于低速、轴的刚度较大、无剧烈冲击的场合
		齿轮联轴	具有良好的补偿性，允许有综合位移，可在高速重载下可靠的工作，常用于正反转变化多、启动频繁的场合
	有弹性元件联轴器	弹性套柱销联轴器	结构与凸缘联轴器相似，只是用带有橡胶弹性套的柱销代替了联接螺栓。制造容易，装拆方便，成本较低，但使用寿命短。适用于载荷平稳，启动频繁，转速高，传递中、小转矩的轴
		弹性柱销联轴器	结构比弹性套柱销联轴器简单，制造容易，维护方便。适用于轴向窜动量较大、正反转启动频繁的传动和轻载的场合

4.3.2 离合器

(1)离合器的作用

主要用于将两轴联接在一起,使它们一起旋转,并传递扭矩,也可用作安全装置。在机器运转过程中,可使两轴随时接合或分离。它可用来操纵机器传动的断续,以便进行变速或换向。如图 4.12 所示为 CA6140 车床超越和安全离合器。

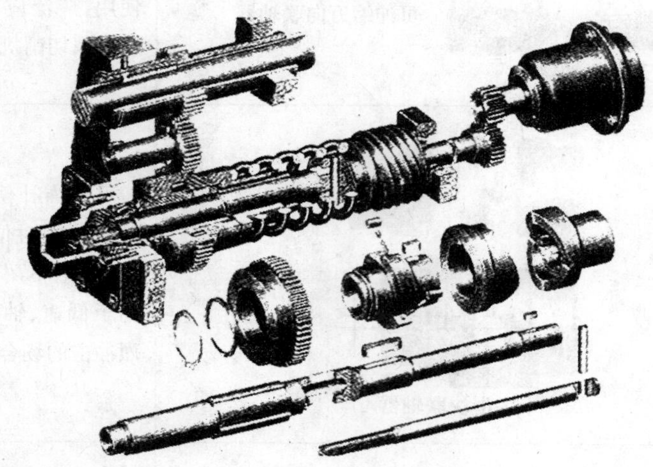

图 4.12 CA6140 车床超越和安全离合器

(2)离合器的种类

按控制方式不同,离合器分类如下:

- 离合器
  - 操纵离合器
    - 机械离合器
      - 啮合式(见图 4.13)
      - 摩擦式(见图 4.14)
    - 电磁离合器
    - 液压离合器
    - 气压离合器
  - 自控离合器
    - 超越离合器
    - 离心离合器
    - 安全离合器

图 4.13 啮合式离合器

图 4.14 圆盘摩擦式离合器

常用离合器的类型、结构特点及应用见表4.9。

表4.9　常用离合器的类型、结构特点及应用

类型	图　示	结构特点及应用
啮合式离合器	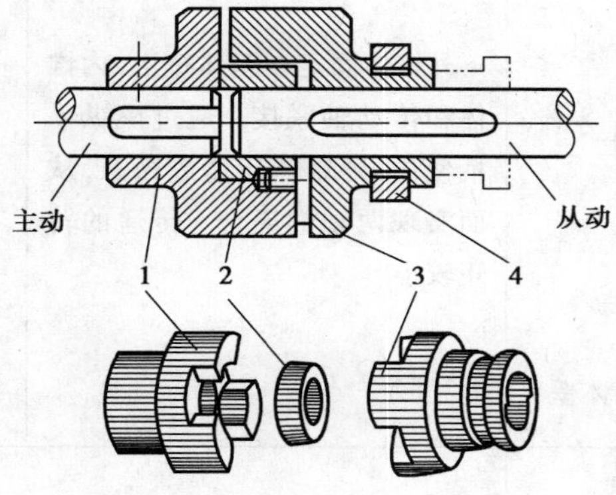 1,3—半离合器;2—对中环;4—滑环	由端面带牙的两半离合器1,3组成,通过啮合的齿来传递转矩。工作时,利用操纵杆带动滑环使半离合器3作轴向移动,从而实现离合器的分离和接合。结构简单,尺寸小,操作方便。常用的牙型有正三角形、正梯形、锯齿形及矩形。其中,正梯形牙强度高,易于结合,能传递较大转矩,应用较广适用于低速或停机时的接合
齿形离合器	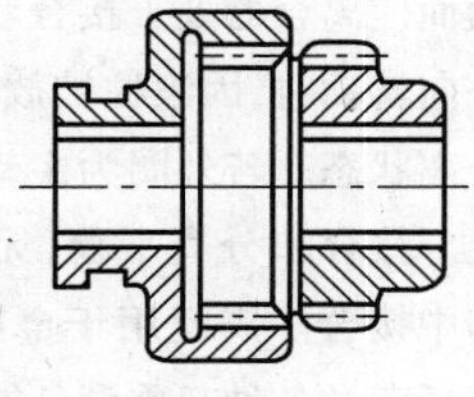	利用内、外齿组成嵌合副的离合器,操作方便,多用于机床变速箱中
摩擦式离合器	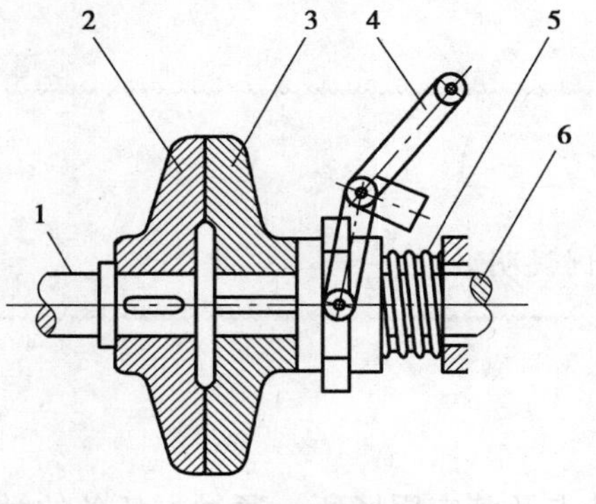 单盘式离合器 1—主动轴;2—主动盘;3—从动盘;4—杠杆;5—弹簧;6—从动轴	操纵杠杆使主、从动盘压紧或松开,从而实现两轴的接合或分离。结构简单,接合平稳,散热性好,冲击和振动小,有过载保护作用,但传递的转矩较小,为了提高传递转矩的能力,可采用多片离合器 用于经常启动、制动或频繁改变速度大小和方向的机械,如汽车、拖拉机等

续表

类型	图　示	结构特点及应用
摩擦式离合器	锥形离合器 1—传动轴;2—内锥体;3—外锥体;4—箱体壁	外锥体固定在箱体壁上,内锥体和传动轴联接。通过操纵手柄使内、外锥体压紧或松开,从而实现两轴的离合。传递的转矩较小
超越式离合器	1—星轮;2—滚柱;3—外圈;4—内圈;5—轴	图示为滚柱式超越离合器,若星轮为主动件,当它作顺时针方向转动时,因滚柱被楔紧而使离合器处于接合状态;当它作逆时针方向转动时,因滚柱被放松而使离合器处于分离状态。若外圈为主动件,则情况刚好相反。接合和分离平稳,无噪声,可在高速运转中接合。广泛用于金属切削机床、汽车、摩托车及各种起重设备的传动装置中

联轴器和离合器的功用有何不同？请举例说明。

●任务小结

该任务讲述了联轴器及离合器的分类、特点及其应用场所。通过本任务的学习,达到在实际工作中能正确选用联轴器和离合器的目的。

●知识拓展

①单万向联轴器当主动轴等速回转时,从动轴作周期性变速回转。

②双万向联轴器能实现主、从动轴同步转动,但是中间轴两端的叉面必须位于同一平面内(见图4.15),并且中间轴与主、从动轴之间的夹角要相等,即 $\beta_1=\beta_2$。

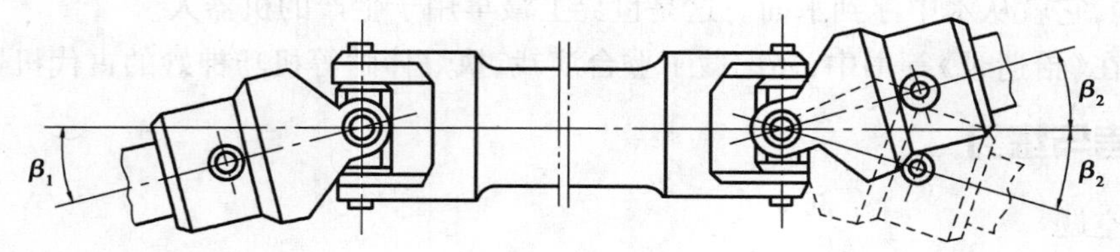

图 4.15　双万向联轴器同步传动条件

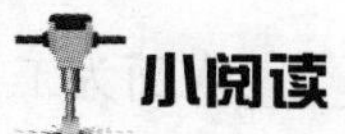

古代机器人

公元前 770 年—公元前 256 年东周时期，中国人就已发明了古代机器人。当今世间，只要谈及机器人，言必欧美；然而可曾知道世界上最早制出古代机器人的，是我们中国人。我国制出的古代机器人不仅精巧，而且用途也很广泛，有各式各样的机器人，会跳舞的机器人、会唱歌吹笙的机器人、会赚钱的机器人和会捉鱼的机器人等，应有尽有。

(1) 会跳舞的机器人

我国唐朝的段安希说：西汉时期，汉武帝在平城、被匈奴单于冒顿围困。汉军陈平得知冒顿妻子阏氏所统的兵将，是国中最为精锐剽悍的队伍，但阏氏具有妒忌别人的性格。于是陈平就命令工匠制作了一个精巧的木机器人。给木机器人穿上漂亮的衣服，打扮得花枝招展，并把它的脸上擦上彩涂上胭脂，显得更加俊俏。然后把它放在女墙（城墙上的短墙）上，发动机关（机械的发动部分），这个机器人就婀娜起舞，舞姿优美，招人喜爱。阏氏在城外对此情境看得十分真切，误把这个会跳舞的机器人为真的人间美女，怕破城以后冒顿专宠这个中原美姬而冷落自己，因此阏氏就率领她的部队弃城而去了。平城这才化险为夷。

(2) 会唱歌吹笙的机器人

唐代的机器人更为精巧神奇，唐朝人张鹜在《朝野全载》中说：洛州的殷文亮曾经当过县令（相当于“县长”），性格聪巧，喜好饮酒。他刻制了一个木机器人并且给它穿上用绫罗绸缎做成的衣服；让这个机器人当女招待。这个“女招待”酌酒行觞，总是彬彬有礼。

(3) 会赚钱的机器人

唐朝时，我国杭州有一个叫杨务廉的工匠，研制了一个僧人模样的机器人，它手端化缘铜钵，能学和尚化缘，等到钵中钱满，就自动收起钱。并且它还会向施主躬身行礼。杭州城中市民争着向此钵中投钱，来观看这种奇妙的表演。每日它竟能为主人捞到数千钱，真可称为别出心裁，生财有道。

(4) 会捉鱼的机器人

唐代的机器人还用于生产实践。唐朝的柳州史王据，研制了一个类似水獭的机器人。它能沉在河湖的水中，捉到鱼以后，它的脑袋就露出水面。它为什么能捉鱼呢？如果在这个机器人的口中放上鱼饵，并安有发动的部件，用石头缒着它就能沉入水中了。当鱼吃了鱼饵之后，这个部件就发动了，石头就从它的口中掉到水中，当它的口合起来时，它衔在口中的鱼

就跑不了啦，它就从水中浮到水面。这是世界上最早用于生产的机器人。

此外，在《拾遗录》等书中，还记载了登台演戏、执灯伴瞎等机巧神妙的古代机器人。

●思考与练习

一、填空题

1. 键联接根据装配的松紧程度可分为________和________。紧键联接有________和________两种；松键联接有________和________两类。

2. 楔键联接能在轴上作________固定，可承受不大的________，键的________表面为工作面，上表面制成________的斜度。根据键大端形状，楔键联接可分为________和钩头楔键联接。

3. 切向键联接是________具有1:100单面斜度的键，沿斜面拼合而成。一对切向键只能传递________，若需传递双向转矩，则需装两对互成________的切向键。

4. 根据键的头部形状不同，普通平键可分为________、________和________3种形式。其中，________在键槽中不会发生轴向移动，故应用最广泛，而________多应用在轴的端部。

5. 螺纹按用途分类，可分为________螺纹和________螺纹。

6. 螺纹按其牙型，可分为________螺纹、________螺纹、________螺纹及________螺纹。

7. 普通螺纹的牙型是________形，牙型角大小为________，这类螺纹广泛用于________。

8. 普通螺纹的公称直径是指的________基本尺寸。

9. 传动螺纹根据牙型的不同可为________、________和________3种。其中，以________应用最广。

10. 联轴器的功用是________以传递________。机器在运转时，两轴________，只有在机器停止运转后，并经过________才能把两轴分离。

11. 机械式联轴器可分为________联轴器、________联轴器和________联轴器3大类。

12. 按控制方式不同，离合器可分为________离合器和________离合器两大类。

13. 在机械机构直接作用下具有________功能的离合器称为机械离合器。它可分为________离合器和________离合器两种类型。

14. 离合器的功用是________可将传动系统随时________或________。

二、判断题

1. 楔键联接在冲击和变载下容易松脱。 （ ）

2. 切向键常用于轴径较大（$d>60$ mm），对中性要求高和传递转矩较大的低速场合。 （ ）

3. 用松键联接，可实现轴上零件的周向固定和轴向固定。 （ ）

4. 半圆键联接一般用于轻载及锥形轴端联接。　　　　　　　　　　　　　　　　　　　(　　)

5. 花键联接多用于重要的高速机械中。　　　　　　　　　　　　　　　　　　　　　　(　　)

6. 用圆柱销作定位销,经过多次装拆后会降低定位精度。　　　　　　　　　　　　　　(　　)

7. 万向联轴器常成对使用,以保证主从动轴转速相等。　　　　　　　　　　　　　　　(　　)

8. 若两轴线相交达60°,仍可用万向联轴器顺利转动。　　　　　　　　　　　　　　　(　　)

9. 多片摩擦离合器能保证主、从动轴严格同步。　　　　　　　　　　　　　　　　　　(　　)

10. 牙嵌离合器只能在传动系统低速或停转时才能接合或分离。　　　　　　　　　　　(　　)

11. 利用制动器的逐渐降速作用,可实现无级调速。　　　　　　　　　　　　　　　　(　　)

三、解释代号

M 20×2 LH　　　　**Tr 40×7LH-7H-L**

四、计算题

有一单螺旋机构,以双线螺杆驱动螺母作直线运动。已知:导程 $P_h = 3$ mm,转速 $n = 46$ r/min。试求螺母的移动速度 v。

第5单元

机械的节能环保与安全防护

●单元概述

本单元主要介绍机械的润滑和密封的有关知识;常用的润滑油的种类及用途,润滑装置的类型;常用的密封装置;机械噪声的形成;机械的传动中危险零部件;机械伤害的成因及防护。

●能力目标

理解机械的润滑的有关概念,了解润滑剂的种类及其应用,掌握典型零部件的润滑;掌握常用密封装置类型;理解噪声的形成过程;知道机械安全防护的有关知识。

任务 5.1　机械的润滑与密封

学习任务

1. 了解润滑剂的种类、性能及选用。
2. 了解机械常用的润滑剂和润滑方法。
3. 掌握典型零部件的润滑方法。
4. 了解常用的密封装置及其特点。

知识学习

5.1.1　机械的润滑

用润滑剂减少两摩擦表面之间的摩擦和磨损或其他形式的表面破坏的措施。

一般通过润滑剂来达到润滑的目的。另外，润滑剂还有防锈、减振、密封、传递动力等作用。充分利用现代的润滑技术能显著提高机器的使用性能和寿命，并减少能源消耗。

(1) 润滑剂的种类及应用

润滑剂按物理状态，可分液体润滑剂、半固体润滑剂（主要是润滑脂）、固体润滑剂（石墨、二氧化钼、二氧化钨、高分子固体润滑剂等）及气体润滑剂 4 大类。其中，又以液体润滑剂用量最大，品种最多。

1) 液体润滑油

液体润滑油包括矿物润滑油、合成润滑剂、动植物油润滑油及水基液体等。水也可以作为润滑剂，但由于水有腐蚀性，因此一般不用。常用液体润滑剂的种类见表 5.1。

黏度是润滑油运动时油液内部摩擦阻力大小的量度。

黏度过大的润滑油不能流到配合间隙很小的两摩擦表面之间，不能起到润滑作用；若黏度过小，润滑油易从需润滑的部位挤出，同样起不到润滑作用。因此，机械所用润滑油的黏度必须适当。润滑油的黏度随温度而变化，温度升高则黏度变小，温度降低则黏度增大。因此，选用润滑油必须考虑机械设备工作环境的温度变化，夏季用的油，其黏度可比冬季大一些。

LAN-32 全损耗系统用油的运动黏度为 28.8 ~ 35.2 mm^2/s。牌号越大，则黏度越大。

2) 润滑脂

润滑脂主要由矿物油（或合成润滑油）和稠化剂调制而成（见表 5.2）。

表 5.1　主要液体润滑剂品种和有关产品的分类命名

组别符号	应用场合	举　例	
		符号组成	名　称
A	全损耗系统	L-AN32	L-AN32 全损耗系统用油
C	齿轮	L-CKD320	L-CKD320 重负荷闭式工业齿轮油
D	压缩机(包括冷冻机和真空泵)	L-DRA/A32 L-DAB150	L-DRA/A32 冷冻机油 L-DAB150 空气压缩机油
E	内燃机	L-ECF-4 15W/40 L-ESJ 15W/40	L-ECF-4 15W/40 柴油机油 L-ESJ 15W/40 汽油机油
F	主轴、轴承和离合器	L-FC	L-FC 型轴承油
G	导轨	L-G	L-G 导轨油
H	液压系统	L-HM	L-HM68 号抗磨液压油
M	金属加工	L-MHA	金属加工用油
N	电器绝缘	L-N25	25 号变压器油
Q	热传导	L-QB	L-QB240 热传导油
T	汽轮机	L-TSA	L-TSA32 号防锈汽轮机油

表 5.2　通用润滑脂的组成

基础油	中、高黏度矿物油
稠化剂	脂肪酸锂、钙、钠皂、复合锂、脲类、膨润土、硅胶
添加剂	抗氧化剂有二苯胺、N-苯基-α-萘胺,其还氧化剂有苯骈三氮唑和颜料

与润滑油相比,润滑脂的优点是具有更好的防护性和密封性,不需要经常添加,不易流失。其缺点是散热性差、黏滑性强,启动力矩大(见表 5.3)。

锥入度是衡量润滑脂稠度及软硬程度的指标。它是指在规定的负荷、时间和温度条件下锥体落入试样的深度。其单位以 0.1 mm 表示。锥入度值越大,表示润滑脂越软,反之就越硬。

选用润滑脂的原则,工作温度高时,应选用滴点高的润滑脂;轴承负荷大,滑动速度低时,应选用锥入度小的润滑脂;工作环境差时,如潮湿或有水淋的场合,应选用抗水性好的润滑脂。

(2)润滑剂的性能

①具有合适的黏度和流动性,以适应不同的工作条件。

②具有良好的耐磨性,以保持一定的承受能力。

③良好的氧化安全性,使油不氧化、不变黏、不变质,不堵塞油路。

④抗乳化性。

⑤抗泡沫性。

⑥防锈性、抗腐蚀性等。

表 5.3　常用润滑脂的性能与用途

润滑脂			锥入度 /(1/10 mm)	滴点 /℃≥	组　成	特性与用途
名称		牌号				
钙基	钙基润滑脂	ZG-1	310～340	75	脂肪酸钙皂稠化中黏度矿物润滑油	具有良好的抗水性，用于工业，农业和交通等机械设备，使用温度为 1 号和 2 号脂不高于 55 ℃，3 号和 4 号脂不高于 60 ℃，5 号脂不高于 65 ℃
		ZG-2	265～295	80		
		ZG-3	220～250	85		
		ZG-4	0～340	90		
		ZG-5	0～340	95		
钠基	合成钠基润滑脂	ZN-1H	225-275	130	合成脂肪酸钠皂稠化润滑剂	适用于温度低于 100 ℃，不与湿气、水气接触的汽车、拖拉机及其他设备的润滑
		ZN-2H	175-225	150		

5.1.2　润滑方法和润滑装置

(1)润滑剂的选择

常见的润滑剂有润滑油、润滑脂、固体润滑剂。选用时，应以工作载荷、相对滑动速度、工作温度和特殊工作环境等作为依据。

1)润滑油

润滑油具有流动性好、内摩擦力小、冷却作用较好的特点，是使用最广的润滑剂。黏度是选择润滑油最重要的参考指标。选择黏度时，应考虑以下基本原则：

①在压力大、温度高、载荷冲击变动大时，应选用黏度大的润滑油。

②滑动速度高时，容易形成油膜(转速高时)，为减少摩擦应选用黏度较低的润滑油。

③加工粗糙或未经跑合的表面，应选用黏度较高的润滑油。

2)润滑脂

润滑脂的特点是稠度大，不易流失，承载能力大，但稳定性差，摩擦功耗大，流动性差，无冷却效果，适于低速重载且温度变化不大或难于连续供油的场合。选用时，应考虑以下原则：

①轻载高速时，选针入度大的润滑脂；反之，选针入度小的润滑脂。

②所用润滑脂的滴点应比轴承的工作温度高 20～30 ℃。

③在有水淋或潮湿的环境下，应选择防水性强的润滑脂。

3) 固体润滑剂

轴承在高温、低速、重载情况下工作,不宜采用润滑油或润滑脂时可采用固体润滑剂。固体润滑剂可在摩擦表面形成固体膜,常用的固体润滑剂有石墨、聚四氟乙烯、二硫化钼、二硫化钨等。

固体润滑剂的使用方法如下:

①调配到油或脂中使用。

②涂敷或烧结到摩擦表面。

③渗入轴瓦材料或成型镶嵌在轴承中使用。

(2) 润滑方法

1) 油润滑

油润滑有间歇供油和连续供油两种形式。间歇供油适用于小型、低速、间歇运动的场合;连续供油则一般用于重要的轴承。

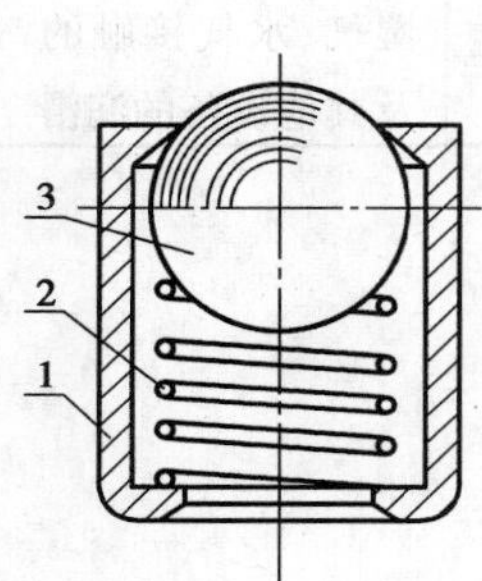

图 5.1　压配式压注油杯

1—杯体;2—弹簧;3—钢球

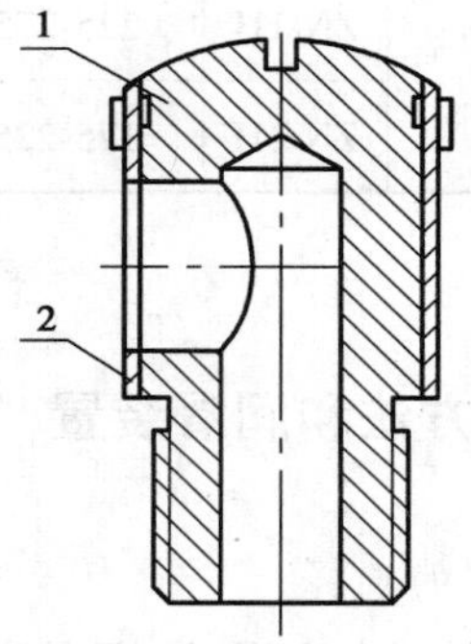

图 5.2　旋套式注油油杯

1—杯体;2—旋套

间歇供油是将油壶或油枪定期向润滑孔和杯内注油(见图 5.1 和图 5.2)。它主要用于低速、轻载和次要场合。

连续供油可有以下 6 种方式:

①滴油润滑

针阀式注油油杯润滑时,用手柄控制针阀运动,使油孔关闭或开启,供油量的大小可用调节螺母来调节,如图 5.3 所示。

②绳芯润滑

利用绳芯的毛细管作用吸油滴到轴颈上,如图 5.4 所示。

③油环润滑

油环下端浸到油里,当轴转动时,油环旋转把油带入轴承,如图 5.5 所示。

④浸油润滑

轴颈直接浸到油池中润滑,搅油损失较大。

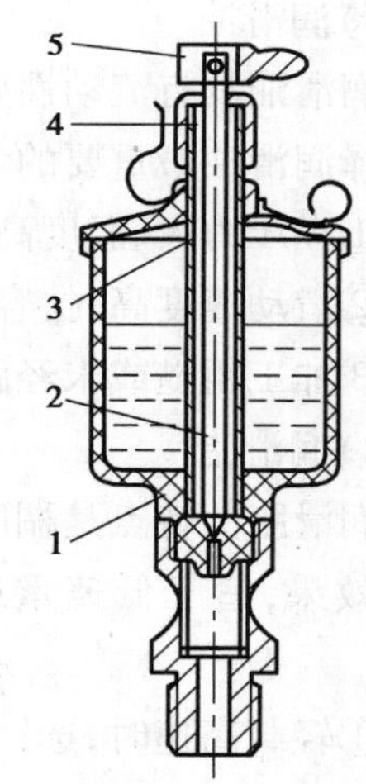

图 5.3　针阀式注油油杯

1—杯体;2—针阀;3—弹簧;4—调节螺母;5—手柄

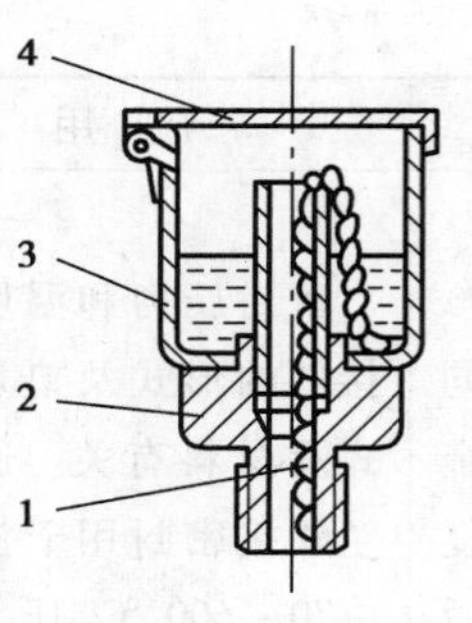

图5.4　绳芯润滑

1—绳芯;2—接头;3—杯体;4—盖

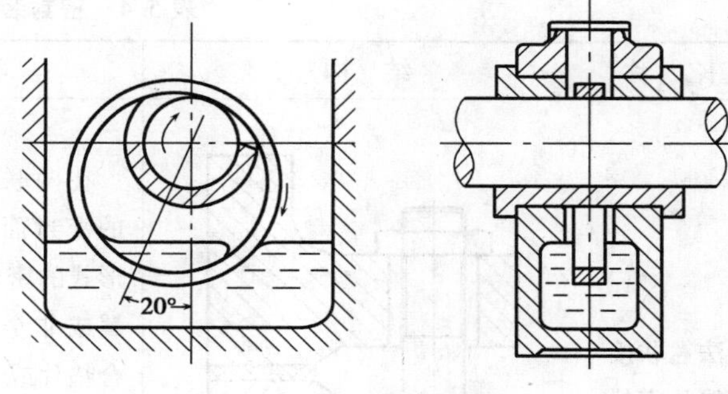

图5.5　油环润滑

⑤飞溅润滑

利用转动件(如齿轮)的转动将油飞溅到箱体四周内壁表面上,然后通过刮油板或适当的沟槽把油导入轴承中进行润滑。

⑥压力循环润滑

用油泵进行连续压力供油,润滑、冷却,效果较好,适于重载、高速或交变载荷作用,如图5.6所示。

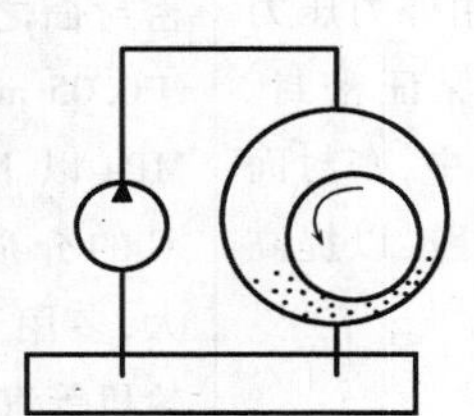

图5.6　压力循环润滑

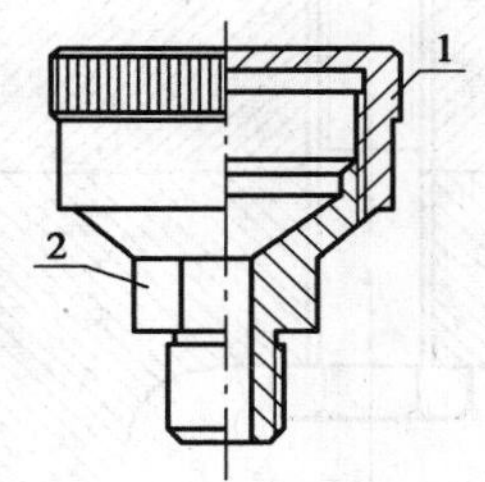

图5.7　旋盖式油脂杯

1—杯盖;2—杯体

2)脂润滑

若采用润滑脂润滑,则用旋盖式油杯手工加油,需定期旋转杯盖,将润滑脂压送到轴承中,也可用黄油枪向轴承中补充润滑油,属于间歇供油,如图5.7所示。

5.1.3　密封装置

密封是防止流体或固体微粒从相邻结合面间泄漏以及防止外界杂质(如灰尘与水分等)侵入机器设备内部的零部件或措施。

密封分为静密封和动密封两种方式。静密封是指两个相对静止结合面的密封,如高压容器法兰的密封,动密封是两个相对运动结合表面的密封,如常压的电机、齿轮箱等机械,用以密封润滑脂。常用的密封装置见表5.4。

表 5.4　密封装置

名　称	结　构	特　点	应　用
法兰联接垫片密封		在两联接件(如法兰)的密封面之间垫上不同形式的密封垫片,如非金属或非金属与金属的复合垫片或金属垫片,然后用螺纹或螺栓拧紧,拧紧力使垫片产生弹性和塑性变形,从而达到密封的目的	密封压力和温度与联接件的形式及垫片的形式及材料有关。通常法兰联接密封用于温度在 -70 ~ 600 ℃,压力大于 1.33 kPa(绝对),小于 35 MPa的场合。若采用特殊垫片,可用于更高的压力
研合面密封		靠两密封面的精密研配消除间隙,用外力压力(如螺栓)来保证密封。实际使用过程中,密封面往往涂敷密封胶,以提高严密性	密封面粗糙度 R_a 为 2 ~ 5 μm,自封状态下,两密封面之间的间隙不大于0.05 mm,通常密封100 MPa 以下的压力及 550 ℃的介质,螺栓受力较大,多用于汽轮机、燃气轮机等汽缸接面
非金属O形环密封		O形环装入密封沟槽后,其截面一般会产生15% ~30% 的压缩变形,在介质压力下,移至沟槽的一边	密封性能好,寿命长,结构紧凑,装拆方便。根据选择不同的密封圈材料,可在温度范围为 -100 ~250 ℃使用,密封压力可达 100 MPa,主要用于汽缸、油缸的密封

续表

名　称	结　构	特　点	应　用
承插联接密封		在轴承盖槽中安装皮碗,直接与轴接触来增强密封效果,可成对使用。其结构简单,尺寸紧凑,使用可靠,适用于润滑脂或润滑油润滑的场合	用于管子联接的密封,在管子联接处充填矿物纤维或植物纤维进行堵封,且需要耐介质的腐蚀,适用于常压、铸铁管材、陶瓷管材等不重要的联接密封
毛毡密封		在壳体槽内填以毛毡圈,以堵塞泄漏间隙,达到密封的目的。毛毡具有天然弹性,呈松孔海绵状,可储存润滑油和防尘。轴旋转时,毛毡又将润滑油从轴上刮下反复自行润滑	一般用于低速、常温、常压的电机、齿轮箱等机械中,用以密封润滑脂、油、黏度大的液体及防尘,但不宜于气体密封

●任务小结

该任务讲述了机械的润滑和密封的相关知识。

①如何根据工作情况选择合理的润滑剂,了解黏度的概念,明白黏度对选择润滑剂的重要作用。

②密封对机械正常工作的重要性的认识,了解常见密封的工作原理。

●知识拓展

除了常用的液体润滑剂和脂类润滑脂外,可去了解空气和固体润滑剂的特点和适用范围。

任务 5.2　机械的安全防护

学习任务

1. 了解机械噪声的形成。
2. 了解机械传动装置中的危险零部件。
3. 了解机械伤害中的成因及防护措施。

知识学习

5.2.1　机械噪声的形成与防护

(1)机械噪声的形成

机械的噪声是由固体振动产生的,在撞击、摩擦、交变应力或磁性应力等作用下,因机械的金属板、轴承、齿轮等发生碰撞、冲击、振动而产生机械性噪声。

噪声是人们不愿意听见的,会干扰休息和睡眠,影响工作效率,损害视力和听觉系统等,因此需要控制噪声。

随着人们生活水平的提高,人们对噪声的影响越来越重视,希望在工作和生活中远离噪声。

(2)机械噪声的控制

噪声的控制一般需要从 3 个方面考虑:噪声源的控制、传播途径的控制和接受者(点)的防护。

噪声源主要是由固体撞击产生的,所以可从以下方面加以考虑:增加撞击的时间,降低撞击的速度,降低自由体的质量,增加接触的时间,使用斜齿轮,采用高阻尼材料齿轮,保持滚动面光滑,使用合适的润滑剂,使用高精度的轴承等都可在一定范围内降低噪声。

对传播途径的噪声可用增加消声器(见图 5.8)、隔声罩(见图 5.9)等加以控制。

图 5.8　消声器

图 5.9　隔音罩

对于接受者的防护，主要是加强劳动保护，防止接受者长期受到噪声的伤害。

5.2.2　机械的安全防护

(1)机械伤害的成因和危险零部件

机械伤害是指机械及其零部件、工夹具和工作介质对人体造成的损伤。经常发生在操作人员违章作业或出现机械事故的情况，按伤害的方式和伤情特征，可分为撞击、挤压、剪切、卷入、割伤、流体击伤、噪声性听力损伤及振动病等，严重的机械伤害将造成人员造成残废乃至死亡。

其主要危险零部件如下：

①旋转部件和成切线运动部件间的咬合处，如动力传输皮带和皮带轮、链条和链轮、齿条和齿轮等。

②旋转的轴，包括联接器、心轴、卡盘、丝杠和光杆等。

③旋转的凸块和孔处。含有凸块或空洞的旋转部件是很危险的，如风扇叶、凸轮和飞轮等。

④对向旋转部件的咬合处，如齿轮、混合辊等。

⑤旋转部件和固定部件的咬合处，如辐条手轮或飞轮和机床床身、旋转搅拌机和无防护开口外壳搅拌装置等。

⑥接近类型，如锻锤的锤体、动力压力机的滑枕等。

⑦通过类型，如金属刨床的工作台及其床身、剪切机的刀刃等。

⑧单向滑动部件，如带锯边缘的齿、砂带磨光机的研磨颗粒、凸式运动带等。

⑨旋转部件与滑动之间，如某些平板印刷机面上的机构、纺织机床等。

(2)机械的防护措施

机械危害风险的大小取决于机器的类型、用途、使用方法和人员的知识、技能、工作态度等因素外，还与人们对危险的了解程度和所采取的避免危险的措施有关。

预防机械伤害包括以下两个方面的对策：

1)实现机械本质安全

①消除产生危险的原因。

②减少或消除接触机器的危险部件的次数。

③使人们难以接近机器的危险部位(或提供安全装置，使得接近这些部位不会导致伤害)。

④用机器安全防护装置(固定安全防护，控制安全装置等)或者个人防护装备。

⑤用安全色(如红色、黄色、蓝色、绿色等国家规定的安全色)，如图 5.10 和图 5.11 所示。

2)保护操作者和有关人员安全

①通过培训，提高人们辨识危险的能力。

图 5.10　皮带轮防护罩

图 5.11　安全标识

②通过对机器的重新设计,使危险部位更加醒目(或使用警示标志)。

③通过培训,提高避免伤害的能力。

④采取必要的行动增强避免伤害的自觉性。

●任务小结

该任务讲述了噪声的形成和防护及机械安全防护的相关知识。

①根据噪声形成的特点,从原理上分析清楚,针对形成的原因,消除和降低噪声的危害。

②机械伤害的原因及其危害,通过原因针对性找到防止机械伤害的办法或措施。更重要的是提高操作者的安全意识。

●知识拓展

从安全防护的知识来了解在工厂里看到的各种标识和符号的意义。

小阅读

工业噪声对人的影响

①强度为 130 dB 以下的噪声短时间作用主要是干扰人的工作、休息和言语通信。

②130 dB 以上的噪声可引起耳痛和鼓膜伤害等。

③165 dB 以上的强烈噪声能使耳鼓膜穿孔外,还可导致机体的其他伤害。

④长时间职业性暴露在 85 ~ 90 dB 以上噪声中可使工人产生言语听力损伤。此外,还可引起植物性神经紊乱,如睡眠不良,头痛耳鸣以及心血管功能障碍等。

⑤当在 110 dB 以上的噪声中即便不太长时间的暴露,对于某些人有时也会造成永久性的听力损伤。

我国 1979 年制订的工业噪声标准对于新建工厂规定为不超过 85 dB,对于老厂则规定为不超过 90 dB,与国际标准相比大致相近。若作业场所噪声超过国家标准时,应佩戴耳塞、耳罩或防噪声帽,以保护听力不受噪声损伤。

●思考与练习

一、填空题

1. 机械的润滑剂有__________、__________、____________及气体润滑剂4大类。

2. 黏度是____的量度。

3. 通用润滑脂由__________、__________和添加剂3部分组成。

4. 密封装置是____的零部件或措施。

5. 润滑装置是____的统称。

二、简答题

1. 润滑剂具有哪些性能？

2. 噪声是怎么形成的？

3. 如何控制噪声？

4. 机械的伤害是怎么形成的？

5. 机械伤害的主要危险零部件有哪些？

6. 如何做好机械的安全防护？

第6单元

液压与气压技术

●单元概述

液压与气压传动在现代工业中得到了越来越广泛的应用。液压传动和气压传动、机械传动、电气传动是现今用得最广泛的4大类传动方式。现代液压气动技术随着机电一体化技术的发展,与微电子技术、计算机技术及传感器技术紧密结合,进入了一个新的发展阶段。气压传动的原理;液压系统的4个组成部分及各个部分的结构及工作原理。液压动力元件、执行元件、控制元件和辅助元件的作用及原理。基本液压回路。

●能力目标

了解气压与液压传动的工作原理,基本参数和传动特点;了解气源装置及辅助装置的结构;了解液压动力元件、执行元件、控制元件及辅助元件的结构,理解其工作原理。能识读一般气压传动和液压传动系统图。

任务 6.1　气压传动基本知识

学习任务

1. 掌握气压传动的工作原理。
2. 了解气压传动组成的 4 个部分及其作用。
3. 了解气压传动的特点。

知识学习

气压传动利用的工作介质是气体。气压传动由于空气的可压缩性大，工作压力低，故传递动力小，运动也不够平稳，但空气黏度小，流动过程阻力小，速度快，反应灵敏，因而能用于较远距离的传递。

6.1.1　工作原理

以图 6.1 气动剪切机工作原理图来说明气动的工作原理。

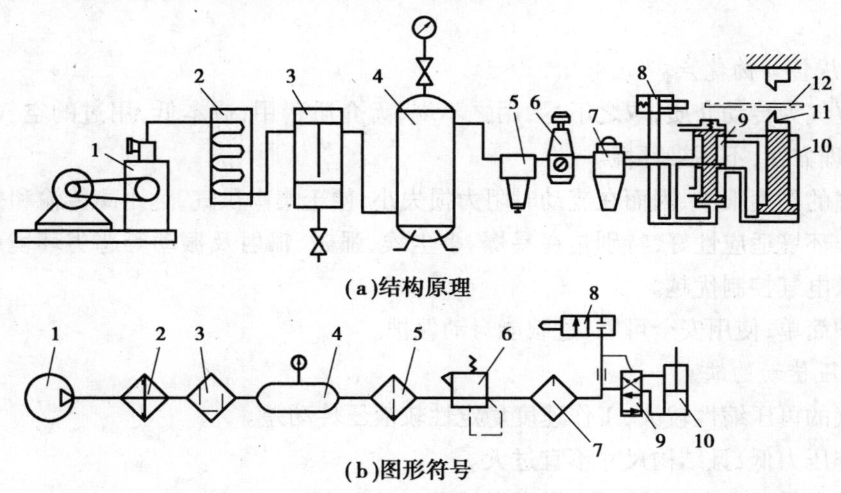

图 6.1　气动剪切机工作原理

1—空气压缩机；2—空气冷却器；3，6—油水分离器；4—储气罐；5—分水滤汽器；
7—油雾器；8—行程阀；9—换向阀；10—活塞；11—剪刃；12—坯料

空气压缩机 1 由电动机驱动，产生的压力经过空气冷却器 2、油水分离器 3 进行降温及初步净化后，送入储气罐 4 备用；再经气动 3 大件（分水滤汽器 5、油水分离器 6 和油雾器 7），换向阀 9 到达气缸活塞 10 处上腔。剪切机剪口张开，处于预备工作状态。送料机构将原材料 12 送到剪切机并达到预定位置(行程阀 8 的触头向左推)时,换向阀 9 下腔经行程阀 8 与大气相通。在弹簧作用下阀芯下移,使气缸上腔连通大气而下腔进入压缩空气,活塞 10 连同动剪刃 11 也快速向上运动到坯料 12 切下。坯料 12 落下后,行程阀 8 复位。换向阀 9 下腔气压上升,阀芯恢复到图示位置,活塞 10 下移剪口张开。剪切机再次处于预备状态。此外,还可根据需要,在气路中增设节流阀来控制剪刃的运动速度。通过调整压缩空气压力来调整剪切力。

气压传动系统的组成如下:

(1)气源装置

气源装置是指将机械能转化成为压力能的装置。常见的动力元件空气压缩机。

(2)执行元件

执行元件是指将压力能转换成为机械能的装置。执行元件是气缸或气动马达。

(3)控制元件

控制元件是指控制压缩空气的压力、流量流动方向及执行元件顺序的元件。例如,压力控制阀、流量阀、方向阀、逻辑元件及行程阀等。

(4)辅助元件

辅助元件是指使空气净化、润滑、消声及用于元件间连接的元件。例如,过滤器、油雾器、消声器、管接头及压力表等。

6.1.2 气压传动的优缺点

(1)气压传动的优点

①以空气为传动介质,取之不尽,用之不竭,无介质费用,成本低,用过的空气直接排到大气中,处理方便,不污染环境。

②空气的黏度很小,因而在流动时阻力损失小,便于集中供气,远距离传输和控制。

③工作环境适应性好,特别是在易爆、多尘埃、强磁、辐射及振动等恶劣环境中工作,比液压、电子、电气控制优越。

④维护简单,使用安全可靠,过载能自动保护。

(2)气压传动的缺点

①空气的可压缩性较大,工作速度稳定性较液压传动差。

②工作压力低,且结构尺寸不宜过大。

③工作介质无润滑性能,需要设润滑辅助元件。

④工作时噪声大,需要加消声器。

6.1.3 气压系统的用途

气动技术的传统应用领域主要是矿山机械、汽车制造、冶金、石油及铁路交通等行业,而新型气动元件和系统的出现,配合电子控制使得气动技术在更多的领域得到了应用。灌装机械、食品饮料机械、造纸和印刷机械是气动技术广泛应用的行业,各种注塑机、成型机也离不开气动技术,同时还包括家用电器、纺织机、服装机械等。

6.1.4　气动系统的发展趋势

随着生产自动化程度的不断提高,气动技术应用面迅速扩大,气动产品品种规格持续增多,性能、质量不断提高,市场销售产值稳步增长。气动产品的发展趋势主要有以下方面:

①小型化、集成化。有限的空间要求气动元件的外形尺寸尽量小,小型化是主要发展趋势。

②组合化、智能化。最简单的元件组合是带阀、带开关气缸。

③精密化。为了使气缸的定位更精确,使用了传感器、比例阀等实现反馈控制,定位精度达 0.01 mm。

④高速化。为了提高生产率,自动化的节拍正在加快,高速化是必然趋势。

⑤无油、无味、无菌化。人类对环境的要求越来越高,因此无油润滑的气动元件将普及化。还有些特殊行业,如食品、饮料、制药、电子等,对空气的要求更为严格,除无油外,还要求无味、无菌等,这类特殊要求的过滤器将被不断开发。

⑥高寿命、高可靠性和自诊断功能。

⑦节能、低功耗。

⑧机电一体化等。

●任务小结

该任务讲述了气压传动的相关知识。

通过学习能掌握气压传动的基本知识,气压传动的优缺点。

●知识拓展

结合我们平时看到的野外作业的空气压缩机、气动工具等,加深对气压传动的认识。

任务 6.2　液压传动系统的组成及元件符号

学习任务

1. 掌握液压传动系统的工作原理。

2. 了解液压与传动系统的 4 个组成部分和各个部分的作用。

3. 了解液压系统的元件符号。

知识学习

液压系统是以液体为工作介质，利用液体压力来传递动力和进行控制的一种传动方式。液压油在压缩过程中体积几乎不变，可认为体积不发生变化。以机床工作台为例来说明液压系统的工作原理。机床运动有 3 种可能性，即向左运动、向右运动和停止状态。

6.2.1 工作原理

以如图 6.2 所示的机床工作台为例，液压泵 3 由电动机带动旋转，从油箱 1 经过过滤器 2 吸油，液压泵排出的压力油先经过节流阀 4 再经过换向阀 6 进入液压缸 7 的左腔，推动活塞和工作台 8 向右运动。液压缸右腔的油液经过换向阀 6 和回油管返回油箱。若换向阀 6 处于左端位置(手柄向左扳动)时，活塞及工作台反向运动。当换向阀位于中间位置时，整个系统不动作。改变节流阀的 4 的开口大小，可改变进入液压缸的液压油液量，实现工作台运动速度的调节，多余的液压流量经过溢流阀 5 排回油箱。液压缸的工作压力由活塞运动所克服的负载决定。液压泵的工作压力由溢流阀 5 调定，其值略高于液压缸的工作压力。系统的最高工作压力通常在溢流阀的调定值内。

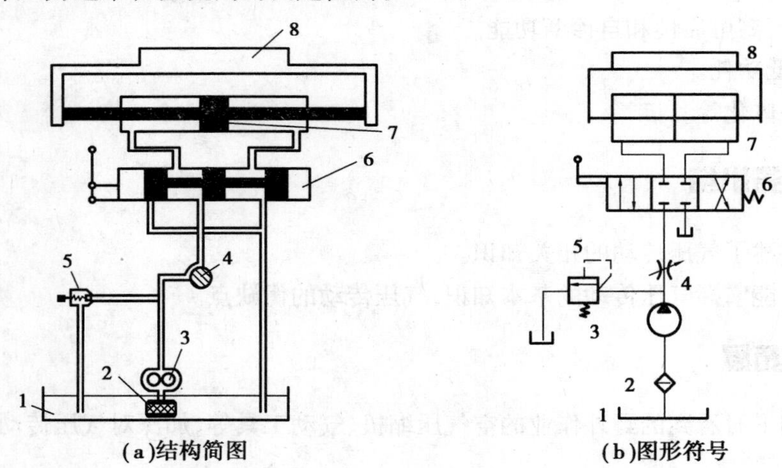

图 6.2 机床工作台的工作原理

1—油箱；2—过滤器；3—液压泵；4—节流阀；5—溢流阀；6—换向阀；7—液压缸；8—工作台

液压系统的组成如下：

(1)动力装置

液压泵其功能是将原动机输出的机械能转换成液体的压力能，为系统提供动力。例如，齿轮泵、叶片泵、柱塞泵等。

(2)执行元件

执行元件为液压缸或液压马达等。

(3)控制元件

控制元件有压力控制阀、流量控制阀、方向控制阀等。

(4)辅助元件

辅助元件包括管道、管接头、油箱、过滤器及冷却器等。

6.2.2　液压系统的优缺点

(1)主要优点

①体积小、质量轻,单位输出的功率大。

②可在大范围内实现无级调节,且调节方便,调速范围宽,可达2 000:1。

③易于实现过载保护,安全可靠。

④液压元件已经系列化、标准化,便于液压系统的设计、制造和使用维修。

⑤易于控制和调节,便于与电气控制、微机控制等新技术相结合,实现数字控制,以实现自动化。

(2)主要缺点

①液压传动系统中存在的泄漏和油液的压缩性,影响了传动的准确性,不易实现定比传动。

②对油温变化比较敏感,不易于在温度很高或很低的条件下工作。

③由于受液压流动阻力和泄漏的影响,液压传动的效率不高。

6.2.3　液压系统的用途

液压系统在广泛应用于各个工业领域的技术装备上,如机械制造、工程、建筑、矿山、冶金、军用、船舶、石化及农林等机械,不仅在航空航天工业,在采矿、海洋开发等也得到了广泛的应用。例如,日常生活中见得较多的液压挖掘机、液压起重机,叉车等。

6.2.4　液压系统的发展趋势

液压元件将向高性能、高质量、高可靠性、系统成套方向发展;向低能耗、低噪声、低振动、无泄漏以及污染控制、应用水基介质等适应环保要求方向发展;开发高集成化高功率密度、智能化、机电一体化以及轻小型微型液压元件;积极采用新工艺、新材料和电子、传感等高新技术。

液力偶合器向高速大功率和集成化的液力传动装置发展,开发水介质调速型液力偶合器和向汽车应用领域发展,开发液力减速器,提高产品可靠性和平均无故障工作时间;液力变矩器要开发大功率的产品,提高零部件的制造工艺技术,提高可靠性,推广计算机辅助技术,开发液力变矩器与动力换挡变速箱配套使用技术;液黏调速离合器应提高产品质量,形成批量,向大功率和高转速方向发展。

任务小结

本任务讲述了液压传动的原理和液压传动的优缺点。

①液压传动4个部分的作用。

②液压传动优缺点。

知识拓展

从广泛使用的液压系统中获得感性认识,观察挖掘机、起重机的工作情况,注意其工作特点。

任务6.3 液压动力元件和执行元件

学习任务

1. 了解液压泵吸油的4个条件和液压泵的基本参数。
2. 了解单活塞杆和双活塞液压缸的结构和工作原理。

知识学习

液压泵是液压系统的动力元件。它是一种能量转换装置,将原动机的机械能转换成液体的压力能,为液压系统提供动力,是液压系统的重要组成部分。

6.3.1 液压泵的工作原理

液压系统的工作原理简图如图6.3所示。柱塞安装在缸体内靠间隙密封,柱塞、缸体和单向阀形成密封的工作容积。柱塞在弹簧作用下和偏心轮1保持接触,当偏心轮旋转时,柱塞在偏心轮和弹簧的作用下在缸体内移动,使密封腔内的容积发生变化。柱塞右移时,封密腔的容积增大,产生局部真空,油箱中的油液在大气压力作用下顶开单向阀4的钢球流入泵体内,实现吸油。此时,单向阀5封闭出油口,防止系统压力油液回流。柱塞左移时,封密腔a减少,已吸入的油液受到挤压,产生一定的压力,便顶开单向阀5中的钢球压入系统,实现排油。此时,单向阀4中的钢球在弹簧和油压的作用下,封密吸油口,避免油液流回油箱。若偏心轮不停地转动,泵就不停地吸油和排油。

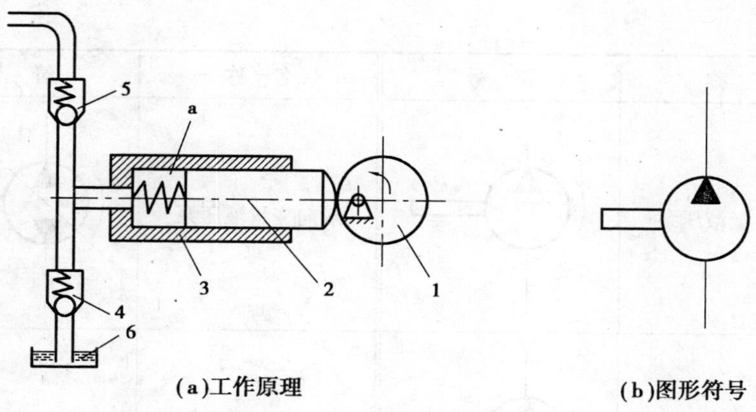

(a)工作原理　　　　(b)图形符号

图 6.3　单柱塞液压泵的工作原理

1—偏心轮;2—柱塞;3—缸体;4,5—单向阀;6—油箱

从以上的吸油和排油的过程可知,液压泵是靠密封容积的变化来实现吸油和压油的,其输出流量的多少取决于柱塞往复运动的次数和密封容积变化的大小,故此类泵又称为容积泵。

通过以上分析可知,液压泵工作的基本条件如下:

①在结构上能形成密封的工作容积。

②密封容积能实现周期性的变化。

③应有配送油机构,密封容积由小变大时与吸油腔相通,由大变小时与压油腔相通。

④开式系统必须与大气相通。

6.3.2　液压泵的种类

液压泵按其结构不同,可分为齿轮泵(见图 6.4)、叶片泵、柱塞泵及螺杆泵等;按其输油方向能否改变,可分为单向泵和双向泵;按输出流量能否调节,可分为定量泵和变量泵;按额定压力的高低,可分为低压泵、中压泵和高压泵。

图 6.4　齿轮泵的形状

常见液压泵的符号见表 6.1。

表 6.1　常见液压泵的符号(GB/T 786.1—2009)

名　称	符　号	名　称	符　号
液压泵		单向变量液压泵	

续表

名　称	符　号	名　称	符　号
单向定量液压泵	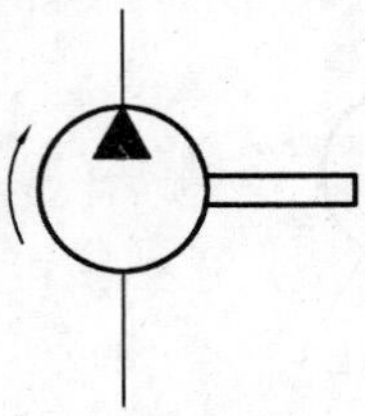	双向变量液压泵	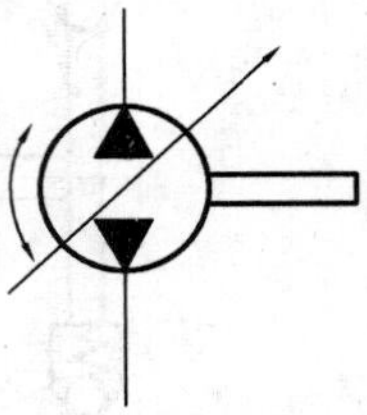
双向定量液压泵	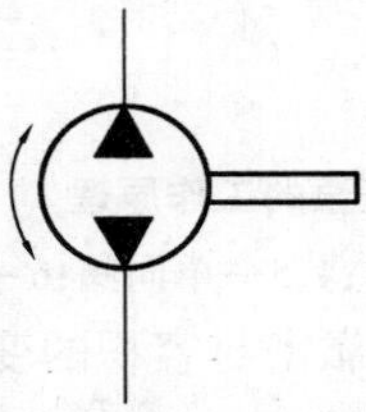		

6.3.3　液压泵的基本参数

(1) 液压泵的工作压力 p

液压泵的工作压力是指泵的实际工作压力。工作压力由系统的负载决定,负载增加,泵的工作压力升高;负载减少,泵的工作压力降低。当没有负载时,系统的压力为零。它与液压泵的流量无关。常用单位为 Pa 或 MPa。

(2) 液压泵的理论流量 q

在不考虑泄漏的条件下单位时间内液压泵所排出的液体体积,称为理论流量。常用单位为 m^3/s 或 L/min。

(3) 液压泵的功率 P

液压泵的输出功率是指液压泵在工作过程中的实际吸、压油口间的压差和输出流量的乘积(单位:kW),即

$$P = \Delta p \times q$$

6.3.4　液压执行元件

液压执行元件是将液体的压力能转换为机械能的装置,液压缸用来实现往复直线运动,液压马达用来实现连续运动,而摆动缸用来实现往复回转运动(摆动)的。

本节主要介绍液压缸的类型和工作原理。

(1) 单活塞杆液压缸

该液压缸只能朝一个方向伸出,并有 3 种进油方式,即无杆腔进油、有杆腔进油和两边

同时进油，分别得到3种不同的速度。在机加工设备中，快速接近工件时两边同时进油，慢速切削无杆腔进油，快速返回用有杆腔进油的方式（见图6.5）。

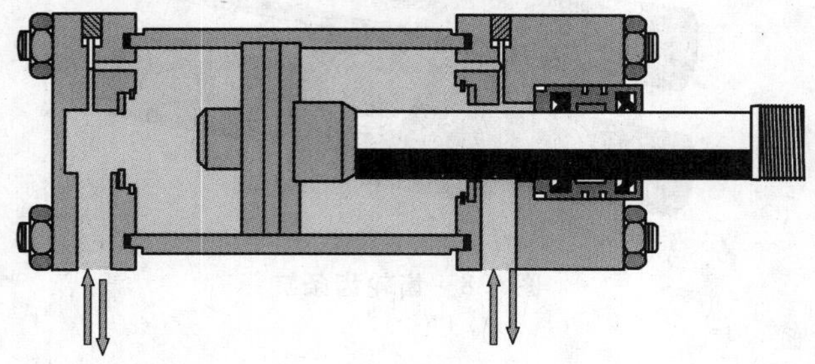

图6.5　单活塞杆液压缸

（2）双活塞杆液压缸

该液压杆的特点是左边和右边都可以进油，杆可以朝两边伸出来。当进油速度一样时，杆伸出的速度一样。缸筒固定在床身上，让活塞杆的左腔进油时，活塞向右运动；反之，缸的右腔进油，活塞向左运动。其运动范围是有效行程的3倍。这种联接占地大，一般用于中小型设备（见图6.6）。

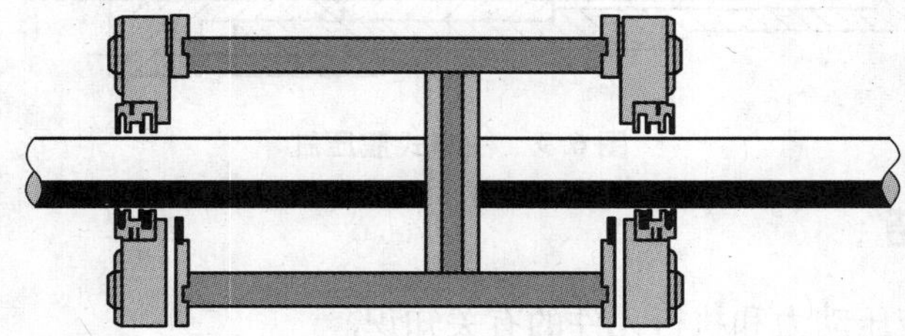

图6.6　双活塞杆液压缸

将活塞杆固定在床身上，让缸体与工作台相联，其运动范围为活塞有效行程的2倍，这种联接占地小，一般用于大、中型设备。

（3）组合式液压缸

伸缩式液压缸又称多级缸，它是由两级或多级活塞缸套装而成。如图6.7所示为三级缸和两级缸，前一级活塞缸的活塞就是后一级的活塞缸的缸筒，伸缩缸逐个伸出时，有效工作面积会逐次减少，因此输入流量相同时，外伸速度逐次增大。当压力恒定时，液压缸的输出力逐次递减，空载缩回的顺序一般从小活塞到大活塞，收缩后液压缸总长度行程较短，结构紧凑，适用于空间受到限制的场合。例如，起重机伸缩臂液压缸、自卸汽车举升液压缸等（见图6.7）。

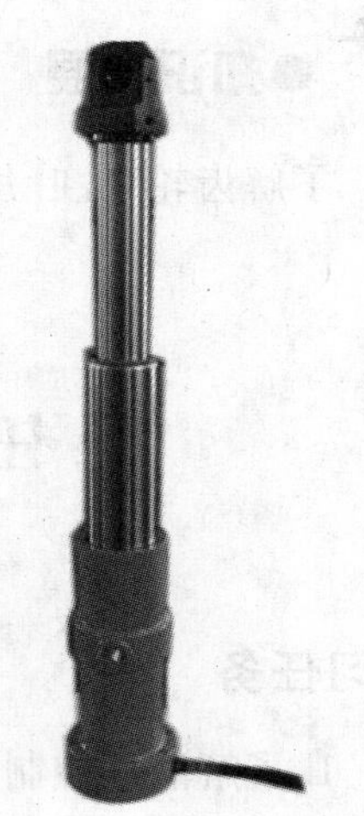

图6.7　组合式液压缸

（4）齿条活塞缸

齿条活塞缸由带有齿条杆的双活塞缸和齿轮齿条机构组成。活塞的往复移动经齿轮齿条机构变为齿轮轴的来回转动。它多用于自动线、综合机床等（见图6.8）。

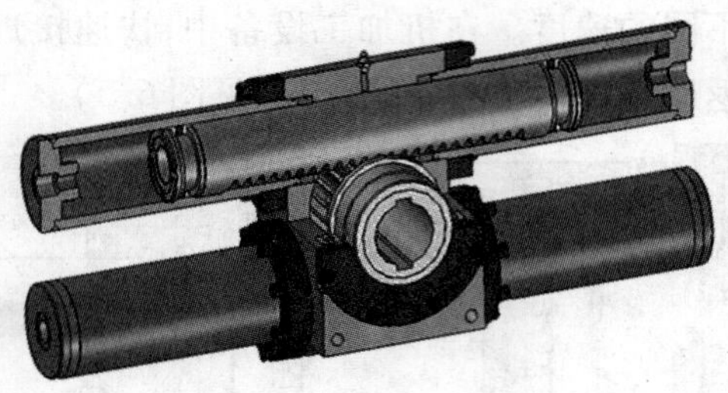

图 6.8　齿轮齿条缸

(5)柱塞式液压缸

柱塞式液压缸只有一端有油口,压力油只能推动柱塞朝一个方向运动,因此柱塞缸只能是单作用式的,反向运动依靠外力或自重。为了得到双向运动,柱塞缸常成对使用(见图 6.9)。

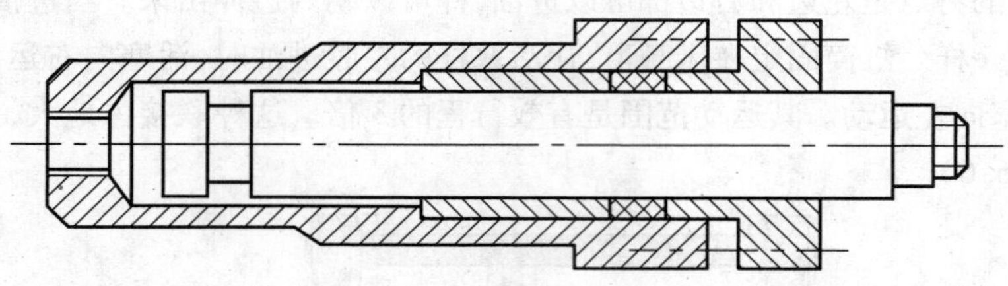

图 6.9　柱塞式液压缸

●任务小结

本任务学习了液压动力和执行元件的有关知识。

液压系统动力元件为系统提供了带压力的液压油。

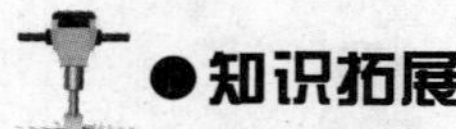

●知识拓展

了解齿轮泵、叶片泵和柱塞泵的工作原理及结构特点。

任务 6.4　液压控制元件和辅助元件

学习任务

1. 了解液压控制工作的结构和工作原理。
2. 了解液压辅助元件的作用。

知识学习

在液压系统中,液压控制阀被用来控制和调节液流的压力、流量和方向,保证执行元件按照负载的需要来进行工作。

液体的流向、压力和流量被称为液压控制元件的3要素，相应地可把液压控制阀分为以下3大类：

①方向控制阀。控制液流的通、断或改变其方向，以控制执行元件的运动方向。

②压力控制阀。控制液压压力的高低，以控制执行元件输出力的或转矩的大小。

③流量控制阀。控制供给流量的大小，以控制执行元件的运动速度的快慢。

6.4.1　方向控制阀

(1)单向阀

开关控制的普通方向控制阀分有普通单向阀和液控单向阀两种。前者又称为单向阀。

1)普通单向阀

单向阀只能是从 P_1 流向 P_2，而不能反方向倒流。它主要用于不允许液流反向的场合(见图6.10)。

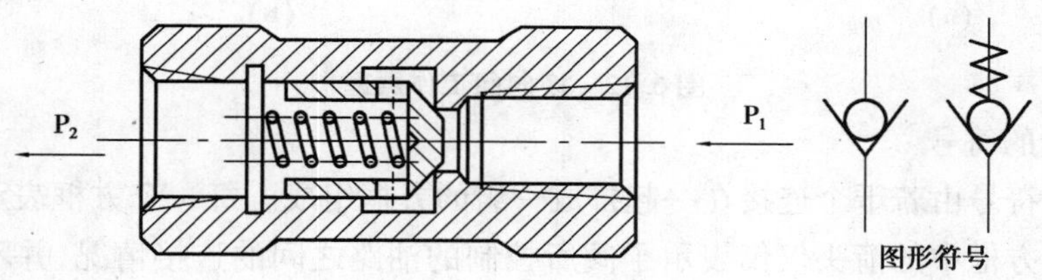

图6.10　单向阀及符号

工作原理：当压力油从 P_1 处进入时，克服弹簧作用力，顶开阀芯从出油口 P_2 排出；反之，当油液倒流时，在弹簧和压力油的作用下，阀芯压紧在阀体上，阀口关闭，油路被截断。

2)液控单向阀

液控单向阀是可以根据需要实现逆向流动的单向阀。如图6.11所示，右半边与普通单向阀相同，阀的作用与单向阀相同，只允许油液向一个方向流动，反向截止；左边有一控制活塞1，控制口K通过一定压力的油液，推动控制活塞并通过推杆2抬起锥形阀芯3，使阀保持开启状态，油液就可由 P_2 流到 P_1，即实现双向流动。

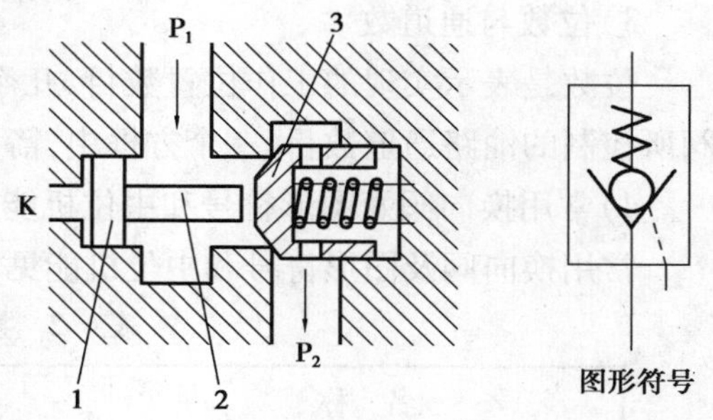

图6.11　液控单向阀

1—活塞；2—插杆；3—阀芯

它主要用于不允许液流反向的场合。

(2)换向阀

换向阀按结构，可分为滑阀式、转阀式和球阀式3种。其中，最主要的是滑阀式。按照操纵方式，可分为手动、机动、电动、液动、电液动及气动等。

1)换向阀的工作原理

滑阀式换向阀是控制阀芯在阀体内作轴向运动,使相应的油路接通或断开的换向阀,滑阀是一个具有多段环形槽的圆柱体,阀芯有若干个台肩,而阀体孔有若干条沉割槽。每条沉割槽都通过相应的孔道与外部相连,与外部连接的孔道数称为通数。以四通阀为例,表示它有4个外接油口,其中通进油,T通回油,A和B则通液压缸两腔,如图6.12(a)所示。当阀芯处于图示位置时,通过阀芯的环形槽使P与B、T与A相通,液压缸活塞向左运动;当阀芯移动处于如图6.12(b)所示的位置时,P与A,B与T相通,液压缸活塞向右运动。如图6.12所示为换向阀工作原理。

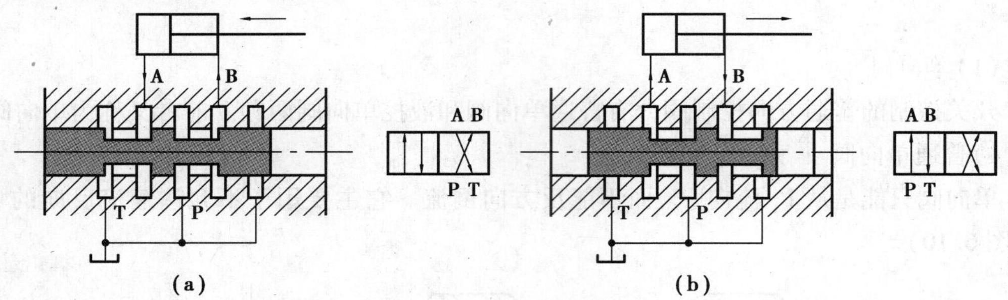

图6.12　换向阀工作原理

2)换向阀的符号

换向阀的符号由若干个连接在一起排成一组的方框组成。每一个方框表示换向阀的一个工作位置。方框中的箭头仅仅表示了阀所控制的油路之间的连接情况,并不表示液体真实的流动情况,这些方框两端的符号是表示阀的控制机构及定位方式等。

3)位数与通道数

位数是表示实现的工作位置数目,几个方框则表示几个工作位置,称几位;通道数则指阀所控制的油路通道数目,一个方框中,箭头和堵塞符号"⊥"与方框相交的点数,称几通。

4)常用换向阀及图形符号和中位机能

常用换向阀及图形符号和中位机能见表6.2。

表6.2　换向阀名称及符号

名　称	符　号
二位二通电磁阀	
三位四通电磁阀	

中位机能是指换向阀里的滑阀处在中间位置或原始位置时阀中各油口的连通形式,体现了换向阀的控制机能。采用不同形式的滑阀会直接影响执行元件的工作状况(见表

6.3)。因此,在进行工程机械液压系统设计时,必须根据该机械的工作特点选取合适的中位机能的换向阀。

表 6.3　三位四通阀的中位机能

机能代号	中间位置的符号	中间位置的性能特点
O 型	A B P T	各油口关闭,系统保持压力,缸密封
H 型	A B P T	各油口 A,B,P,T 全部连通,泵卸荷,缸两腔连通
K 型	A B P T	P,A,T 口相通,泵卸荷,缸 B 封闭
M 型	A B P T	P,T 相通,泵卸荷,缸 A,B 封闭
Y 型	A B P T	A,B,T 相通,P 口保持压力,缸两腔连通
P 型	A B P T	P 口与 A,B 口相连通,回油口封闭

6.4.2　压力控制阀

用来控制和调节液压系统压力高低的阀类,称为压力控制阀。通过控制压力的大小,可控制执行元件输出力或扭矩的大小。

压力控制阀根据功能和用途的不同,可分为溢流阀、减压阀和顺序阀 3 类。

(1)溢流阀

当所要求的压力达到时,通过排出液压来维持该压力的阀。正常情况下是常闭的。

溢流阀的工作原理如图 6.13 所示。当进油口的压力产生的推力大于弹簧的弹力时,弹

簧被压缩,直到锥形阀芯上移,进油口和溢流口接通,系统实现溢流。一般来说,溢流阀的压力比系统设定的压力高10%~20%。

溢流阀可分为直动式和先导式。直动式用于低压系统;先导式用于中高压系统或远程控制系统。

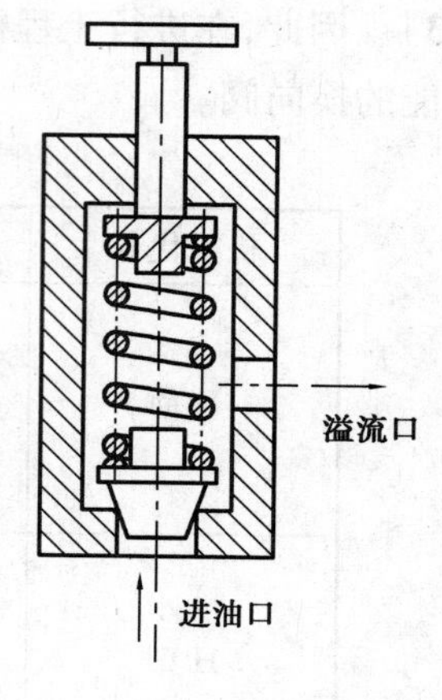

图6.13 溢流阀及其符号

(2)减压阀

减压阀是一种利用液流流过缝隙产生压力损失的控制阀。使其出口压力低于进口压力的压力控制阀称为减压阀。减压阀可分为定值减压阀、定差减压阀和定比减压阀。如图6.14所示为定值减压阀。其工作原理是从 P_1 处进油,P_2 处出油,从 P_2 口分出一支流,作用在阀芯上。当液压系统对阀芯产生的力大于弹簧的弹力时,弹簧被压缩,阀芯右移,阀芯开口减少,引起出口压力降低,直到出口的压力值降低到减压阀的调定值为止。减压阀正常状态是开启的。当进口压力低于调定值时,系统出口处的压力值为进口的压力,当进口的压力大于调定值时,出口的压力值为减压阀设定的值(见图6.14)。

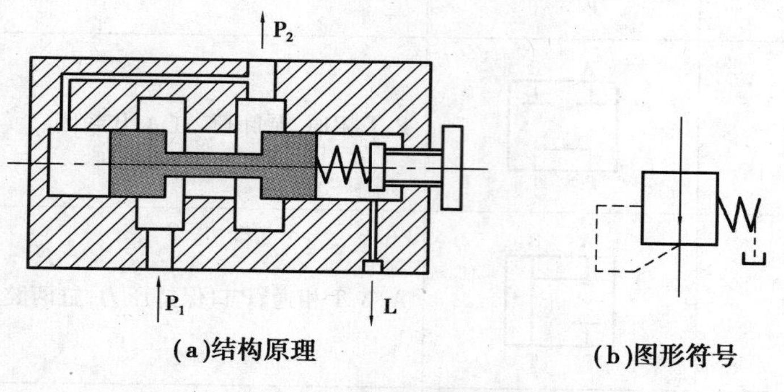

(a)结构原理　(b)图形符号

图6.14 减压阀及其符号

(3)顺序阀

顺序阀是一种利用压力控制阀口通断的压力阀。它是用于控制多个执行元件的动作顺序的压力控制阀。如图6.15所示,油液从 P_1 处进入时 P_2 与 P_1 断开的,进口的油液作用于阀芯的左端。当油的压力足够大时,压缩弹簧,阀芯朝右移动。此时,P_1 和 P_2 的接通,阀打开。

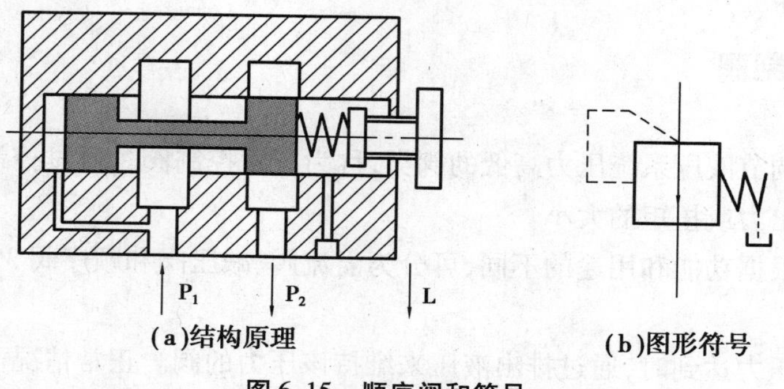

(a)结构原理　(b)图形符号

图6.15 顺序阀和符号

6.4.3　流量控制阀

(1)定义

流量控制阀是通过改变节流口流通面积来调节通过的流量,以实现对执行元件运动速度控制的阀类。

(2)分类

常见的流量控制阀有节流阀、调速阀和行程阀等。本单元只介绍常见的普通节流阀和调速阀。

1)普通节流阀

普通节流阀是液压传动系统中结构最简单的流量控制阀。它依靠改变节流口的大小来调节执行元件的运动速度。节流阀符号如图 6.16 所示。

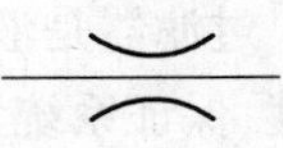

图 6.16　节流阀

节流口的常见形式如图 6.17 所示。

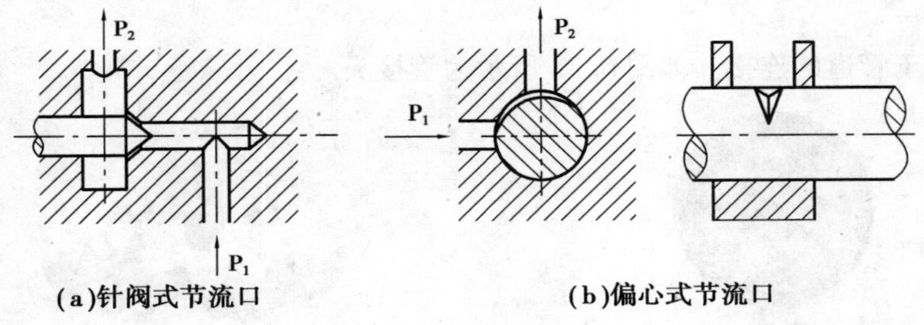

图 6.17　节流口的形式

2)调速阀

调速阀是由减压阀和节流阀串联而成的组合阀。这里所说的减压阀,是一种直动式减压阀,称为定差减压阀。定差减压阀能自动保持节流阀前后的压力差不变,从而使通过节流阀的流量不受负载变化的影响(见图 6.18)。

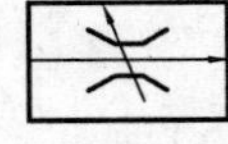

图 6.18　调速阀

6.4.4　液压辅助元件

(1)蓄能器

蓄能器是储存和释放液体压力能的装置,如图 6.19 所示。当液压系统的压力增高时,蓄能器内部的工作介质(常为液压油)也随之升高,使蓄能器的隔层向上移动,液压系统中的工作介质进入蓄能器,直至与蓄能器内部的平衡力介质(隔层上的气体或重锤或弹簧)达到平衡状态。当液压系统的压力小于蓄能器内部工作介质的压力时,在平衡介质的作用下,隔层向下移动,工作介质向液压系统排放,直至平衡状态。

图 6.19　蓄能器

图 6.20　过滤器

(2) 过滤器

过滤器是液压系统的重要元件，用于清除液压工作介质中的污染物，保持液压介质的清洁度，保证系统元件的可靠性，如图 6.20 所示。

(3) 压力表

压力表用于显示液压系统的压力。在保证液压系统的安全运行方面起到重要的作用，如图 6.21 所示。

(4) 管接头

管接头用于管道的连接。如图 6.22 所示为管接头。

图 6.21　压力表

图 6.22　管接头

(5) 油箱

油箱用于储存液压工作介质。

●任务小结

本任务讲述了液压系统的控制元件与执行元件的基础知识。

●知识拓展

除了常见的阀外，还有二通插装阀等新的阀类，多种组合功能的阀类，如电磁溢流阀等。

任务6.5　液压传动基本回路

学习任务

1. 了解液压传动基本回路的工作原理。
2. 了解液压传动基本回路中各元件的作用。

知识学习

液压基本回路是由一些液压元件组成用来完成特定功能的典型油路。不管什么液压系统,都是由一个个的基本液压回路组成的。它主要有4类:液压源回路、压力控制回路、速度控制回路及方向控制回路。

6.5.1　液压源回路

如图6.23所示为液压源回路。定量泵-溢流阀回路结构简单,泵出口压力近似不变,为一恒定值。这种恒压源一般采用一个恒定转速的定量泵并联溢流阀,其压力是靠溢流阀的调定值来决定的。当系统需要流量不大时,大部分流量是通过溢流阀流回油箱,因此使用这种恒压源的效率不高,能量损失较大,多用于功率不大的液压系统,如一般的机床的液压系统。

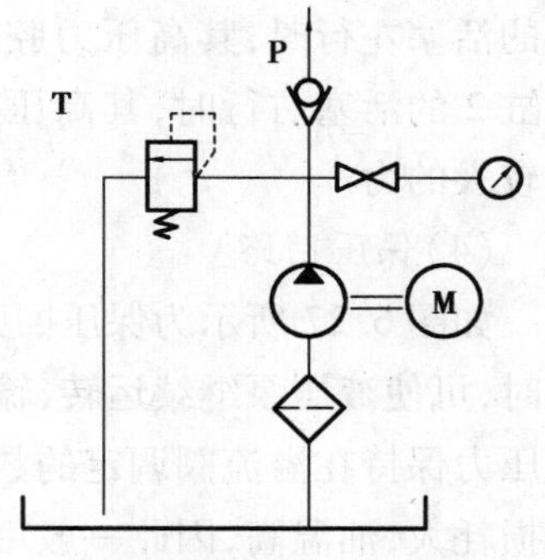

图6.23　液压源回路

6.5.2　压力控制回路

(1)多级调压回路

如图6.24所示为多级调压回路。它采用两个远程调压阀2,3和溢流阀1的3级调压回路。当液压系统需要多级压力控制时,可采用此回路。图6.24中主溢流阀1的遥控品通过三位四通电磁阀4来分别与调压阀2和3相接。换向阀处于中位时,系统压力由溢流阀1调定。换向阀左位时得电,系统压力由阀2调定。右位得电时由阀3调定。因而系统可设置3种压力值。值得注意的是,远程调压阀2,3的调定压力必须低于主溢流阀的调定压力。

(2)一级减压回路

如图6.25所示为一级减压回路。在减压系统中,当某个支路所需要的工作压力低于油源所设定的压力值时,可采用一级减压回路,如机床夹头的夹紧回路。液压泵的最大工作压力由溢流阀 1 调定。减压阀 2 的调定压力要在 0.5 MPa 以上,但又要低于溢流阀 1 的调定压力,这样可使减压阀的出口压力保持在一个稳定的范围。

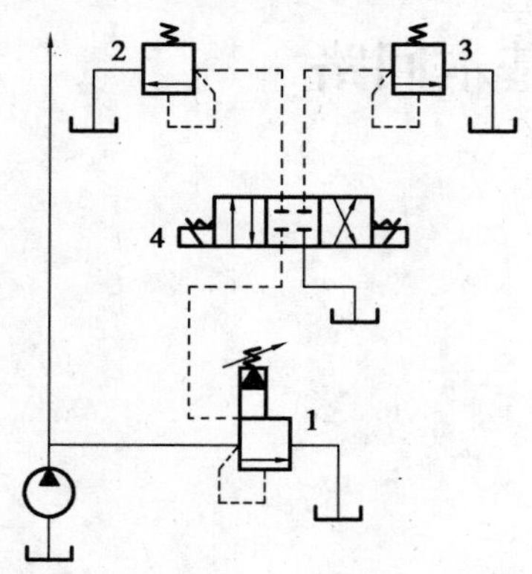

图 6.24　多级调压回路
1—溢流阀;2,3—远程调压阀;
4—三位四通电磁阀

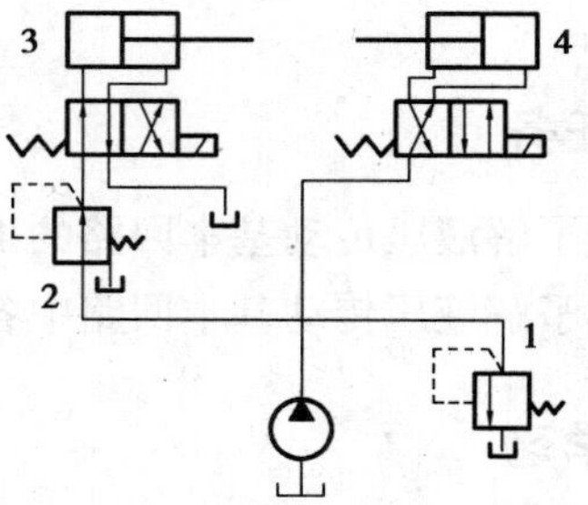

图 6.25　单级减压回路
1—溢流阀;2—减压阀;
3,4—液压缸

(3)增压回路

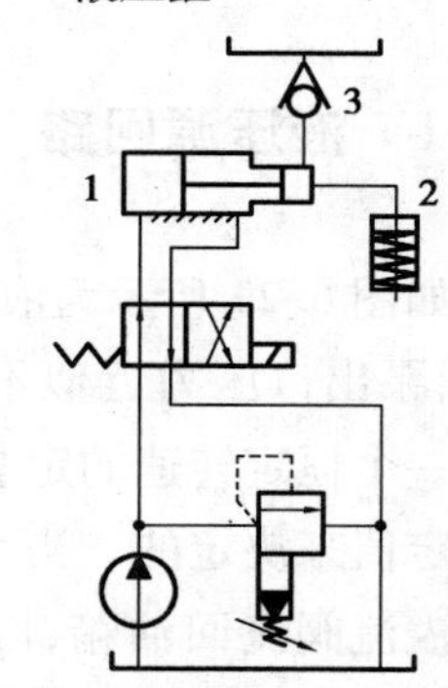

图 6.26　增压回路
1—增压器;2—液压缸;
3—油箱

如图 6.26 所示为增压回路。单作用增压回路一般只适用于液压缸单方向需要很大的力和行程较短的场合。图 6.26 中增压器的活塞左行时,其高压力腔经单向阀从高位油箱 3 里补油,液压缸 2 的活塞右行时,其高压腔输出高压油,从而使液压缸 2 输出较大的力。

(4)保压回路

如图 6.27 所示为保压回路。当活塞到达行程终点时需要保压时,可使液压泵继续运转,输出的压力油由溢流阀流回油箱,系统压力保持在溢流阀调定的数值上。此法虽然简单,但保压时功率损耗大,油温高,因此一般用于 3 kW 以下的小功率系统中。

(5)卸荷回路

如图 6.28 所示为卸荷回路。利用中位机能来卸荷。对于压力较高,流量较大的系统,此回路会产生冲击。当三位换向阀处于中位时,滑阀机能为 M,H 和 K 型时,油口 P 与 T 相

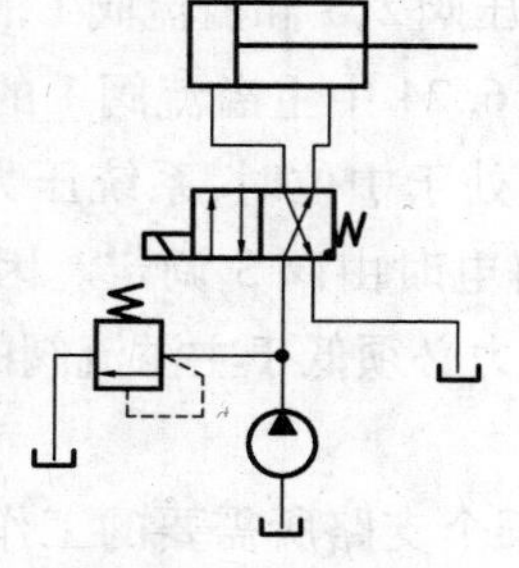

图 6.27　保压回路

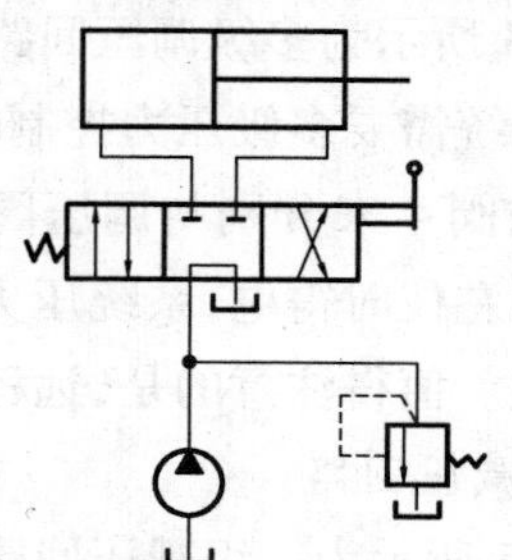

图 6.28　卸荷回路

通，达到卸荷的目的。为了减少和避免液压冲击，并使卸荷较为彻底，采用手动或电液换向阀可达到此目的。

6.5.3　速度控制回路

如图 6.29 所示为进油节流调速回路。调速阀装在进油路上，用它来控制进入液压缸的流量从而达到调速的目的，称为进油节流调速回路。液压泵输出的多余油液经溢流阀流回油箱，回路效率低，功率损失大，油容易发热，只能单向调速。对速度要求不高时，调速阀可换成节流阀；对速度稳定性要求较高时，采用调速阀。一般用在阻力负载，轻载低速的场合。

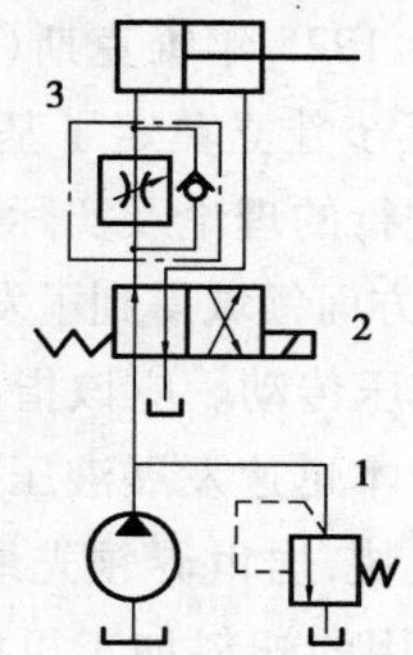

图 6.29　进油节流调速回路

1—溢流阀；2—电磁阀；3—调速阀

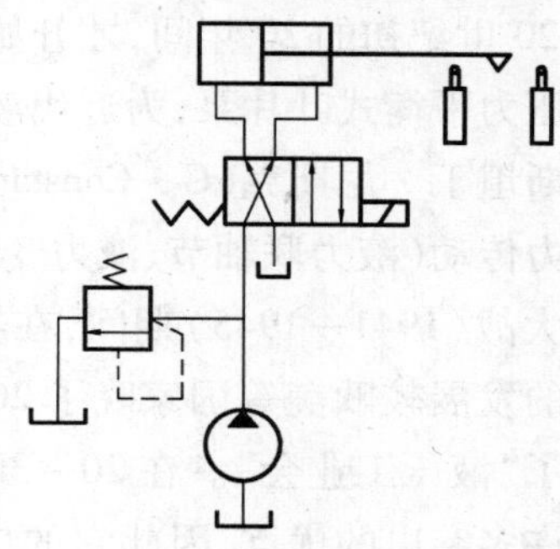

图 6.30　连续往复运动回路

6.5.4　方向控制回路

如图 6.30 所示为连续往复运动回路。如图 6.30 所示的状态，电磁铁断电，换向阀左位接通，压力油进入液压缸右腔，活塞左移。当撞块压下左侧行程开关，电磁铁通电，换向阀右位接通，压力油进入液压缸左腔，活塞右移。当撞块压下右侧行程开关，电磁铁断电，换向阀左位接通。重复上述循环，实现活塞的连续往复运动。

●任务小结

本任务讲述了液压的基本回路的有关知识。

●知识拓展

除了基本液压回路，还有典型的液压系统，可通过了解典型的机床液压系统加深对各个液压基本回路和各个阀的功能的认识，能读懂复杂液压系统。

小阅读

液压系统的发展历史

液压系统和气压传动称为流体传动,是根据17世纪帕斯卡提出的液体静压力传动原理而发展起来的一门新兴技术。1795年英国约瑟夫·布拉曼(Joseph Braman,1749—1814),在伦敦用水作为工作介质,以水压机的形式将其应用于工业上,诞生了世界上第一台水压机。1905年将工作介质水改为油(液压油缸),又进一步得到改善。第一次世界大战(1914—1918)后液压传动广泛应用,特别是1920年以后,发展更为迅速。液压站大约在19世纪末20世纪初的20年间,才开始进入正规的工业生产阶段。1925年维克斯(F. Vikers)发明了压力平衡式叶片泵,为近代液压元件工业或液压传动的逐步建立奠定了基础。20世纪初康斯坦丁·尼斯克(G·Constantimsco)对能量波动传递所进行的理论及实际研究;1910年对液力传动(液力联轴节、液力变矩器等)方面的贡献,使这两方面领域得到了发展。第二次世界大战(1941—1945)期间,在美国机床中有30%应用了液压传动。应该指出,日本液压传动的发展较欧美等国家晚了20多年。在1955年前后 ,日本迅速发展液压传动,1956年成立了“液压工业会”。在20~30年间,日本液压传动发展之快,居世界领先地位。液压系统有许多突出的优点,因此它的应用非常广泛,如:一般工业用的塑料加工机械、压力机械、机床等;行走机械中的工程机械、建筑机械、农业机械、汽车等;钢铁工业用的冶金机械、提升装置、轧辊调整装置等;土木水利工程用的防洪闸门及堤坝装置、河床升降装置、桥梁操纵机构等;发电厂涡轮机调速装置、核发电厂等;船舶用的甲板起重机械(绞车)、船头门、舱壁阀、船尾推进器等;特殊技术用的巨型天线控制装置、测量浮标、升降旋转舞台等;军事工业用的火炮操纵装置、船舶减摇装置、飞行器仿真、飞机起落架的收放装置和方向舵控制装置,等等。

●思考与练习

一、填空题

1. 气压传动和液压传动的4个部分分别是________、________、________及辅助元件。

2. 常见液15压泵按结构可分为____________、____________、柱塞泵及螺杆泵。

3. 液压控制阀可分为____________、____________和流量控制阀。

4. 单活塞杆液压缸按进油方式可分为__________、__________和________。

5. 换向阀的位数是____。

6. 换向阀的通道数是____。

7. 常见的液压辅助元件有________、________、________、________及油箱等。

二、判断题

1. 液压系统的运动速度与工作压力有关。 (　　)

2. 液压系统必须与大气相通。 (　　)

三、简答题

1. 气压系统的优缺点是什么？

2. 液压系统的优缺点是什么？

3. 液压泵工作的4个基本条件是什么？

参考文献

[1] 栾学刚,王诚,吴建蓉. 机械基础[M]. 北京:高等教育出版社,2010.
[2] 刘有星,刘新江. 机械基础[M]. 北京:人民交通出版社,2010.
[3] 刘晓芬. 机械基础[M]. 北京:电子工业出版社,2010.
[4] 隋冬杰,谢亚青. 机械基础[M]. 上海:复旦大学出版社,2010.
[5] 陈燚. 机械基础[M]. 北京:电子工业出版社,2013.
[6] 曾德江,黄均平. 机械基础[M]. 北京:机械工业出版社,2010.
[7] 崔国利. 机械基础[M]. 北京:机械工业出版社,2009.
[8] 李世维. 机械基础[M]. 北京:高等教育出版社,2009.
[9] 张群生,黄朗宁. 机械基础[M]. 长沙:湖南大学出版社,2009.
[10] 倪森寿,邹振宏. 机械基础[M]. 北京:人民邮电出版社,2011.
[11] 陈先忠. 机械基础[M]. 北京:科学普及出版社,2007.
[12] 李端玲. 机械基础[M]. 北京:北京邮电大学出版社,2007.